职业院校工学结合一体化课程改革特色教材

数控编程（数车方向）

主　编　孟利华　赵建国
副主编　刘　健　董立强　杨四学
参　编　张　振　梁爱国　任利红
　　　　安翠娟　王海丽　张彦彦

机械工业出版社

本教材以数控加工专业的学生为教学对象，面向企业，以数控编程员为培养目标。内容包括企业机床和企业文化调查、数控机床的基本操作、数控机床的对刀操作、阶梯轴数控车削手工编程、固定顶尖数控车削手工编程、螺纹传动轴数控车削手工编程、轴套零件数控车削手工编程、手电筒外壳数控车削手工编程。本教材采用理实一体化的编写模式，以课程培养目标为主线，以仿真模拟为主要的程序校验手段，不针对某一数控系统编程；教材内容循序渐进，并可依托数字化工厂这种现代化教学手段；每个学习任务配有考核表，方便实现过程考核。

本教材可以作为职业院校数控加工类专业的教材，也可作为相关企业技工培训参考用书。

本教材配有电子课件，凡使用本教材的教师可登录机械工业出版社教育服务网（http：//www.cmpedu.com）下载，或发送电子邮件至 cmp-gaozhi@sina.com 索取。咨询电话：010-88379375。

图书在版编目（CIP）数据

数控编程：数车方向/孟利华，赵建国主编.
—北京：机械工业出版社，2015.2
职业院校工学结合一体化课程改革特色教材
ISBN 978 – 7 – 111 – 47867 – 6

Ⅰ. ①数… Ⅱ. ①孟… ②赵… Ⅲ. ①数控机床 – 程序设计 – 中等专业学校 – 教材②数控机床 – 车床 – 程序设计 – 中等专业学校 – 教材 Ⅳ. ①TG659②TG519. 1

中国版本图书馆 CIP 数据核字（2014）第 196953 号

机械工业出版社（北京市百万庄大街22 号 邮政编码100037）
策划编辑：崔占军 赵志鹏 责任编辑：赵志鹏
封面设计：鞠 杨 责任校对：李锦莉 刘丽华
责任印制：李 昂
北京京丰印刷厂印刷
2019 年 3 月第 1 版 · 第 1 次印刷
184mm×260mm · 12 印张 ·293 千字
0 001—3 000 册
标准书号：ISBN 978 – 7 – 111 – 47867 – 6
定价：31. 00 元

序

  课程建设是教学改革的重要载体，邢台技师学院按照一体化课程的开发路径，通过企业调研、专家访谈、提取典型工作任务，构建了以综合职业能力培养为目标，以学习领域课程为载体，以专业群为基础的"校企合作、产教结合、工学合一"的人才培养模式，完成本套基于工作过程为导向的工学结合教材编写，有力地推动了一体化课程教学的改革，实现了立体化教学。

  本套教材一体化特色鲜明，可以概括为课程开发遵循职业成长规律、课程设计实现学习者向技能工作者的转变、教学过程提升学生的综合职业能力。

  一是课程开发及学习任务的安排顺序遵循职业人才成长规律和职业教育规律，实现"从完成简单工作任务到完成复杂工作任务"的能力提升过程；融合企业的实际生产，遵循行动导向原则实施教学，建立以过程控制为基本特征的质量控制及评价体系。

  二是依据企业实际产品来设计、开发学习任务，展现了生产企业从产品设计、工艺设计、生产管理、产品制造到安装维护的完整生产流程。这样的学习模式具备十分丰富的企业内涵，学习内容和企业生产比较贴近，能够让学生了解企业生产岗位具体工作内容及要求，不仅能使学生的专业知识丰富，而且能提升学生对企业生产岗位的适应能力。使学生在学习中体验完整的工作过程，实现从学习者向技能工作者的转变。

  三是在教学方法上，通过采用角色扮演、案例教学、情境教学等行动导向教学法，使学生培养了自主学习的能力，加强了团队协作的精神，提高了分析问题、解决问题的能力，激发了潜能和创新能力，学会了与人沟通、与人交流，提升了综合职业能力。

  综上所述，一体化课程贯彻"工作过程导向"的设计思路，在教学理念上坚持理实一体化的原则，注重学生基本职业技能与职业素养的培养，将岗位素质教育和技能培养有机地结合。教材在内容的组织上，将专业理论知识融入到每一个具体的学习任务中，通过任务的驱动，提高学生主动学习的积极性；在注重专业能力培养的同时，将工作过程中所涉及的团队协作关系、劳动组织关系以及工作任务的接受、资料的查询获取、任务方案的计划、工作结果的检查评估等社会能力和方法能力的培养也融入教材中。总之，一体化课程是一个职业院校学生走向职场，成为一个合格的职业人，成为有责任心和社会感的社会人所经历的完整的"一体化"学习进程。

  邢台技师学院实施一体化教学改革以来，取得了明显成效。本套教材在我院相关专业进行了试用，使用效果较好。希望通过本套教材的出版，能与全国职业院校进行互动和交流，同时也恳请专家和同行给予批评指正。

邢台技师学院院长 荀凤元

前　　言

　　为了满足各类中等职业学校、技工院校、职业技术学院的数控技术专业数控编程教学的需要，推进工学结合一体化改革，搞好课程建设，更好地适应学生理论基础较薄弱、理论学习兴趣较低、而动手实践兴趣相对较高的特点，适应目前我国职业教育发展的新形势，满足目前我国企业对高技能、高素质技工的强烈需求，依据教育部《数控技术专业教学计划和教学大纲》，以及人力资源和社会保障部《数控加工专业（中、高级工）一体化课程标准》《国家职业（技能）数控加工操作工（中、高级工）技术等级鉴定标准》，参考人力资源和社会保障部关于数控编程课程一体化课标和有关数控加工专业数控编程的人才培养方案，我们制定了"数控编程课程标准"，开发了"数控编程教学任务设计与实施""数控编程教案"和"数控编程PPT课件"，并编写了本教材。

　　本教材在编写过程中，始终坚持以下几个原则：

　　1. 坚持高技能人才培养方向，模拟职业岗位情境，以学生为主体，实现"做中学，做中教，学中做"，多方面培养学生的综合职业能力，打破传统教材的编写模式。

　　2. 主要以企业数控编程员为培养目标，而面向企业数控操作工的教学也可选用本教材的内容。

　　3. 可采用现代教学手段——数字化工厂，并配有多媒体教学设备。

　　4. 以FANUC数控系统的编程训练为入门，但不局限于特定的数控系统，学生上岗后能很快适应各种数控车床不同数控系统的编程。

　　5. 采用循序渐进的编排方式，以学生自学为主，教师可以将数控编程知识从易到难逐步融入各学习任务的编程加工当中，以行动导向为主要教学模式。

　　6. 采用过程考核的编写方式，设计了一系列的评价表，有利于调动学生的学习积极性，督促学习，克服期末一次考试定成绩的弊端。

　　因此，本教材具有鲜明的特点，有所创新，易教易学，为师生所乐用。

　　本教材内容为学习任务的工作页。共包括8个学习任务，每个学习任务又分为3~5个学习活动，总参考课时数为132。各学习任务的参考课时数见下表：

学习任务序号	学习任务1	学习任务2	学习任务3	学习任务4	学习任务5	学习任务6	学习任务7	学习任务8
参考课时数	16	16	8	20	18	18	18	18

　　本教材由邢台技师学院组织编写。主编为孟利华、赵建国；副主编为刘健、董立强、杨四学；参编为张振、梁爱国、任利红、安翠娟、王海丽、张彦彦。具体编写分工如下：

　　学习任务1"企业机床和企业文化调查"、学习任务2"数控机床的基本操作"、学习任务3"数控机床的对刀操作"由孟利华编写，学习任务4"阶梯轴数控车削手工编程"、学习任务5"固定顶尖数控车削手工编程"、学习任务6"螺纹传动轴数控车削手工编程"、学习任务7"轴套零件数控车削手工编程"、学习任务8"手电筒外壳数控车削手工编程"由赵建国编写。课件由赵建国、刘健、张振、董立强、杨四学制作。赵建国、梁爱国、张彦彦负责全稿的统稿和校对。题库由赵建国、任利红、王海丽、安翠娟提供。

　　本教材的编写得到了学院领导的大力支持；编写过程中参考和吸收了其他单位和个人的研究成果，在此一并表示感谢。由于编者水平有限，书中不妥或错误之处望广大读者批评指正。

编　者

目　　录

学习任务1　企业机床和企业文化调查

任务描述

学生在教师的指导下，参观工厂数控加工车间，接受相关培训，阅读有关车床产品说明书，认知相关制度。要求能描述数控车床、数控铣床、加工中心等典型机床的型号、结构、功能和数控系统等信息，能正确认识各种机床上开关、按扭、面板上功能键的位置、作用及不同点，能熟练进行各机床开机、关机、回零的操作。同时推广学校文化，树立学生自豪感，清楚描述数控加工专业今后工作的对象、工具、设备、产品及环境，规划自己的发展方向。能完成相关考核，对自己和同学的学习任务完成情况进行评价。

学习目标

1. 能正确描述各种数控机床的加工能力，写出与普通车床的区别。
2. 能描述各种数控车床的型号、组成、结构、基本功能，指出各部件的名称和作用、与普通车床的区别。
3. 能准确描述各种数控机床的数控系统的异同点等信息。
4. 能正确识辨种数控机床的面板上的各个功能键的位置、作用及不同点。
5. 能遵守数控车床的安全操作规程，正确进行机床的开、关机等基本操作。
6. 能描述优秀编程员工作行为规范，并在日常学习中实施。
7. 能描述数控编程在数控加工中的地位。
8. 能描述数控机床坐标系。

建议课时

16 课时。

任务流程与活动

⬇学习活动1.1：企业机床调查（4课时）。
⬇学习活动1.2：企业文化调查（2课时）。
⬇学习活动1.3：数控机床和数控系统调查（2课时）。
⬇学习活动1.4：数控机床开关机操作与维护保养（4课时）。
⬇学习任务1.5：工作成果的展示、总结和评价（4课时）。

学习活动 1.1　企业机床调查

学习内容

　　1. 通过参观车间的数控机床，倾听讲解，能正确描述各种数控机床的加工能力，指出数控机床与普通机床的区别。

　　2. 通过参观车间的数控车床，倾听讲解，能描述各种数控车床的型号、组成、结构、基本功能，指出各部件的名称和作用，能说出数控车床与普通车床的区别。

　　3. 通过参观车间的数控机床，倾听讲解，能准确描述各种机床数控系统的异同点等信息。

　　4. 分工合作并制订本学习任务的工作计划。

建议课时

4 课时。

学习地点

数控加工车间、一体化教室。

学习准备

1. 工作页。
2. 常用数控系统说明书。
3. 常用机床产品说明书。
4. 机械加工手册。
5. 数控编程教材。

学习过程

一、小组分工

　　根据抽签分组，选举或指定组长，根据小组成员的特点进行分工、制订工作计划，并填写表 1-1、表 1-2。

表 1-1　小组成员分工

成员姓名	职　　务	成员特点	小组中的任务分工	备　　注

表1-2　工作计划表

序　号	开始时间	结束时间	工作内容	工作要求	执行人

二、填写机床调查表

参观机加工车间，调查数控机床及其加工能力、型号、参数和结构特点，并填写表1-3 ~ 表1-5。

表1-3　数控机床的加工能力

序号	名称类型	型号	加工最大参数/mm	加工最高精度	主要加工对象及功能特点
1	数控车床	CKA6140	400	IT7	轴类、盘类、套类零件

表1-4　数控机床与普通机床相比的相同点与不同点

	相同点	不同点
数控车床与普通车床		
数控铣床与普通铣床		

表 1-5　数控机床结构特点

序号	型号	数量	功能	结构	各部件的名称和作用

三、小组讨论

小组讨论、对完成工作的情况进行说明和展示。

学习活动 1.2　企业文化调查

学习内容

1. 描述数控机床生产类型和场地划分。
2. 描述安全操作规程和车间管理制度。
3. 描述数控加工行业发展和数控编程在数控加工中的地位。
4. 描述 7S 管理制度和机加工企业运作模式。
5. 描述学校/企业品牌资料。
6. 阅读职工（学生）手册、产品说明书。
7. 描述工艺员和编程员数控编程工作的流程与交接程序。

建议课时

2 课时。

学习地点

一体化教室。

学习准备

1. 工作页。

2. 准备调查企业文化的各种资料：车间管理制度、7S管理制度、安全操作规程、优秀员工行为规范、学校/企业品牌、职工（学生）手册等。

3. 数控编程教材。

4. 笔录工具、照相工具和存储工具。

学习过程

一、叙述数控机床的生产类型和场地划分

二、写出安全操作规程、车间管理制度和数控机床的维护与保养制度

三、叙述数控加工行业的发展和数控编程在数控加工中的地位

四、列出7S管理制度和机加工企业运作模式

五、说明工艺员和编程员数控编程工作任务的流程与交接程序

六、列出学校或企业加工产品

七、阅读职工（学生）手册、产品说明书

八、小组讨论，对完成工作的情况进行说明和展示

提示

小组记录需有记录人、主持人、日期、内容等要素。

学习活动 1.3　数控机床的数控系统调查

学习内容

1. 查阅常见数控机床产品说明书和数控系统说明书，并进行比较。
2. 描述常见数控系统的异同点等信息。
3. 识别常见数控系统的操作面板。
4. 描述常见数控系统的编程要求，包括指令系统、注意事项、坐标系及参考点等。

建议课时

2 课时。

学习地点

数控加工车间、一体化教室。

学习准备

1. 数控编程教材。
2. 各种数控系统的说明书。
3. 笔录工具、照相工具和存储工具。

学习过程

一、查阅资料

查阅常见数控机床的数控系统说明书，并进行比较。认知各种数控系统的异同点等信息。

1）常见数控系统的相同点（主要是程序号、指令和面板上按钮）是什么？

2）常见数控系统的不同点（主要是程序号、指令和面板上按钮）是什么？

二、认知数控系统

认知各种数控机床的数控系统的操作面板。对应操作面板写出数控系统型号。

1）图 1-1 所示的数控系统为_____。

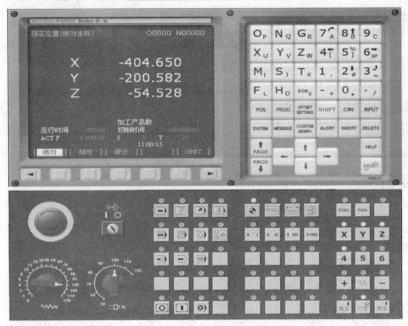

图 1-1　数控系统之一

2）图 1-2 所示的数控系统为_____。

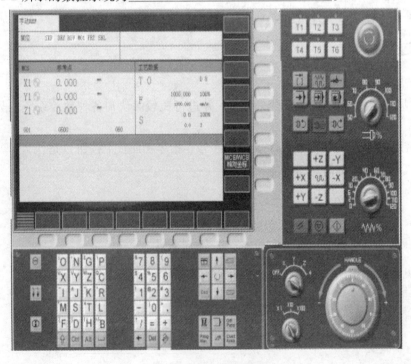

图 1-2　数控系统之二

3）图 1-3 所示的数控系统为＿＿＿＿＿＿＿＿＿＿＿＿＿＿＿＿＿＿＿＿＿＿。

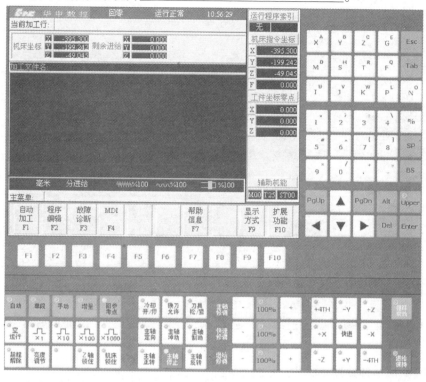

图 1-3 数控系统之三

4）图 1-4 所示的数控系统为＿＿＿＿＿＿＿＿＿＿＿＿＿＿＿＿＿＿＿＿＿＿。

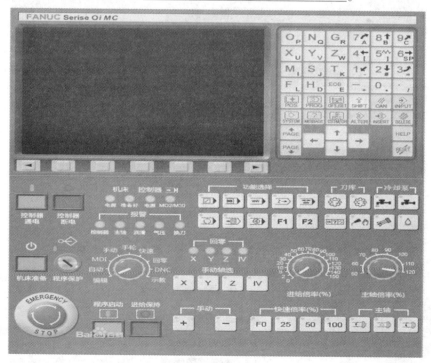

图 1-4 数控系统之四

5）图 1-5 所示的数控系统为_____。

图 1-5　数控系统之五

6）图 1-6 所示的数控系统为_____。

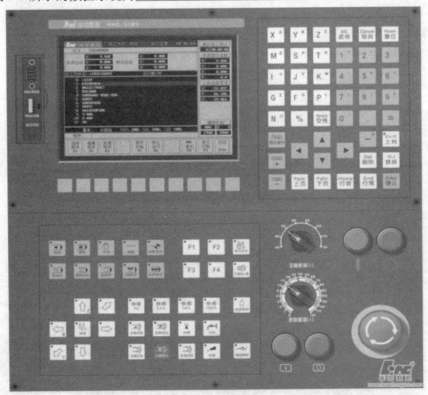

图 1-6　数控系统之六

三、描述编程要求和指令系统

描述常见数控系统的编程要求，特别是功能指令、注意事项、坐标系及参考点。

四、小组讨论

小组讨论，对完成工作的情况进行说明和展示并填写表1-6。

表1-6　综合评价表

学生姓名＿＿＿＿＿＿＿＿　小组名称＿＿＿＿＿＿＿＿　教师＿＿＿＿＿＿＿＿　日期＿＿＿＿＿＿＿＿

项　　目	自我评价	小组评价	教师评价
编程手册认知能力			
分析、总结能力			
交流、协作能力			
工作页质量			
工作态度			
劳动纪律			
总　　评			

提示

小组记录需有记录人、主持人、日期、内容等要素。

学习活动1.4　数控机床开关机操作与维护保养

学习内容

1. 进行常见数控机床的开、关机等基本操作。
2. 认知不同数控机床面板上开关、按钮、功能键的位置、作用。
3. 进行常见数控机床的日常维护和保养。

建议课时

4 课时。

学习地点

数控车间。

学习准备

1. 工作页。
2. 各种数控机床产品说明书。
3. 数控编程教材。
4. 记录工具。

学习过程

一、了解数控机床的基本操作

倾听讲解数控机床面板按钮功能，开、关机操作和维护保养的方法。

1) 叙述数控机床的坐标系的原点、坐标轴的方向和运动方向的确定方法。指出不同数控机床的坐标系。

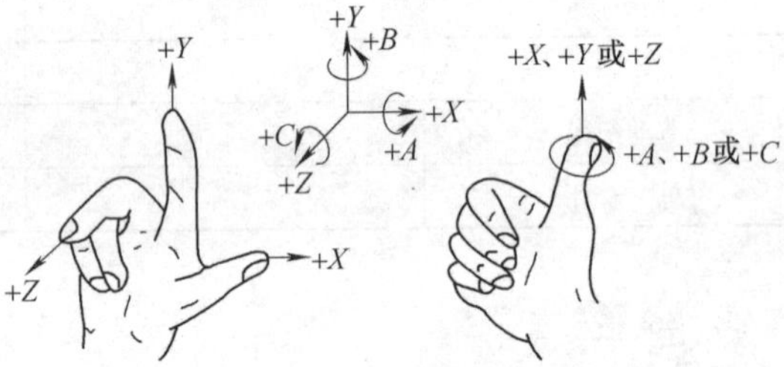

2) 根据笛卡儿坐标系（图 1-7）的规定，指出前置刀架式车床与后置刀架式车床坐标系的不同点，并画图说明。

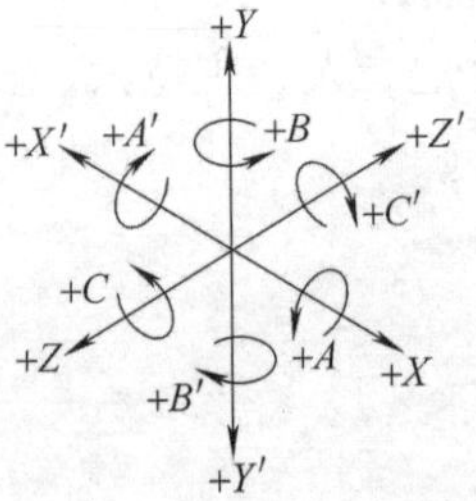

图 1-7　笛卡儿坐标系

3) 描述机床参考点（又称机械原点、机械零点、机械固定点），说明回机床参考点（又称回零）的方法和原理。

4）描述常见数控机床的开、关机的基本操作方法。

5）描述常见数控机床面板上开关、按钮、功能键的位置、作用及异同点。

6）描述常用数控机床日常维护与保养的方法。

二、观看数控机床的操作

观看常见数控机床的面板操作和开、关机操作演示。

体会：

三、观看数控机床的维护与保养

观看常见数控机床的日常维护和保养操作演示。

体会：

四、练习数控机床的操作

在教师的指导下练习并体验常见数控机床的面板操作、开关机操作等基本操作。

记录：操作人_____   日期_____   完成时间_____

五、练习数控机床的维护与保养

在教师的指导下练习并体验常见数控机床的维护与保养操作。

记录：操作人_____   日期_____   完成时间_____

六、小组讨论

小组讨论，并填写表1-7。

表1-7　工作进度表

序　号	开始时间	结束时间	工作内容	工作要求	备　注

提示

小组记录需有记录人、主持人、日期、内容等要素。

学习活动1.5 工作成果的展示、总结和评价

学习内容

1. 正确规范地撰写总结。
2. 采用多种形式进行成果展示。

建议课时

4 课时。

学习地点

一体化教室。

学习准备

1. 工作页。
2. 课件。
3. 展板。
4. 书面总结。
5. 视频资料。

学习过程

学习准备：课件准备、书面总结、制件。

采用自我评价、小组评价、教师评价结合的发展性评价体系。

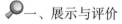一、展示与评价

把个人制作好的制件先进行分组展示，再由小组推荐代表做必要的介绍。在展示的过程中，以小组为单位进行评价；评价完成后，根据其他组成员对本组的评价意见进行归纳总结。

1. 写出自评工作总结

_____

_____

_____

_____

_____

_____

2. 写出成果展示方案

1）制作展板，展示作业和成果。

2）通过录像展示模拟和实际操作过程。

3）各组派代表口述汇报成果，自评并答辩。

二、教师评价

教师对展示的成果做评价。

1）对各组的优点进行点评。

2）对各组的缺点进行点评，并提出改进方法。

3）评价整个任务完成中出现的亮点和不足。

三、总体评价

进行总体评价，并填写表1-8 ~ 表1-10。

_____

_____

_____

_____

_____

_____

_____

_____

_____

任课教师：_____　　　　_____年_____月_____日

表1-8　活动过程自评表

组别：_____　　姓名：_____　　学　号：_____　　_____年___月___日

评价项目及标准		配分	等级评定			
			A	B	C	D
资料质量	（1）能完成资料整理项目	10				
	（2）资料整理内容齐全	10				
	（3）资料整理内容无错误	10				
	（4）资料整理内容整洁、清楚	10				
操作技能	（1）数控机床操作听从实习教师指挥	10				
	（2）数控机床操作准确、无误	10				
	（3）数控机床操作有序、完整、无遗漏	10				
	（4）数控机床操作不盲目乱动	10				
学习过程	（1）安全操作情况 （2）平时实习的出勤情况 （3）每天练习的完成质量 （4）每天考核的完成质量	10				
情感态度	（1）与教师的互动 （2）工作态度 （3）组员间的交流、合作	10				
合　　计		100				
简要评述						

注：A—优（100%）；B—好（80%）；C——般（60%）；D—有待提高（40%）。

表1-9　活动过程互评表

被评人姓名：_____　　组名：_____　　_____年___月___日　评价人：_____

评价项目及标准		配分	等级评定			
			A	B	C	D
资料质量	（1）能完成资料整理项目	10				
	（2）资料整理内容齐全	10				
	（3）资料整理内容无错误	10				
	（4）资料整理内容整洁、清楚	10				
操作技能	（1）数控机床操作听从实习教师指挥	10				
	（2）数控机床操作准确、无误	10				
	（3）数控机床操作有序、完整、无遗漏	10				
	（4）数控机床操作不盲目乱动	10				

（续）

评价项目及标准		配分	等级评定			
			A	B	C	D
学习过程	（1）安全操作情况 （2）平时实习的出勤情况 （3）每天练习的完成质量 （4）每天考核的完成质量	10				
情感态度	（1）与教师的互动 （2）工作态度 （3）组员间的交流、合作	10				
合　　计		100				
简要评述						

注：A—优（100%）；B—好（80%）；C——般（60%）；D—有待提高（40%）。

表 1-10　任务过程教师评价表

组别			姓名		学号		日期	月　日	配分	得分
教师评价	劳保用品	严格按《实习守则》要求穿戴好劳保用品							3	
	平时表现评价	（1）实习期间的出勤情况 （2）遵守实习纪律情况 （3）平时技能操作练习情况 （4）每天实训任务的完成质量 （5）实习岗位卫生情况							10	
	综合专业技能水平	基本知识	（1）能正确认识各种数控机床的加工能力 （2）能描述常见数控机床的组成、结构、功能，指出各部件的名称和作用 （3）能全面掌握常见数控系统，了解其异同点等信息 （4）能正确认识常见数控机床的面板上的各个功能键的位置、作用及不同点 （5）能按数控机床的安全操作规程，掌握机床的开、关机等基本操作方法 （6）能描述优秀编程员的工作行为规范，并在日常学习中实施 （7）能分析数控编程在数控加工中的地位					30	
		操作技能	（1）数控机床操作听从实习教师指挥 （2）数控机床操作准确、无误 （3）数控机床操作有序、完整、无遗漏 （4）数控机床操作不盲目、不乱动					8	

（续）

组别			姓名		学号		日期	月　日	配分	得分
教师评价	态度评价	（1）与教师的互动，团队合作 （2）组员间的交流、合作 （3）实践动手操作的兴趣、态度、主动积极性							10	
	设备使用	（1）严格按工、量具的型号、规格摆放整齐，保管好实习工、量具 （2）严格遵守机床操作规程和安全操作规章制度，维护保养好实习设备							10	
	资源使用	节约实习消耗用品、合理使用材料							3	
	安全文明实习	（1）遵守实习场所纪律，听从实习指导教师指挥 （2）掌握安全操作规程和消防安全知识 （3）严格遵守安全操作规程、实训中心的各项规章制度和实习纪律 （4）按国家有关法规，发生重大事故者，取消实习资格，并且实习成绩为零分							10	
自评	综合评价	（1）组织纪律性，遵守实习场所纪律及有关规定情况 （2）劳动习惯及实习工位环境情况 （3）实习中个人的发展和进步情况 （4）专业知识与专业操作技能的掌握情况							8	
互评	综合评价	（1）组织纪律性，遵守实习场所纪律及有关规定情况 （2）劳动习惯及实习工位环境情况 （3）实习中个人的发展和进步情况 （4）专业知识与专业操作技能的掌握情况							8	
合　　计									100	
建议										

学习任务 2　数控机床的基本操作

任务描述

　　学生在教师的指导下，参观工厂数控加工车间，接受相关培训，阅读有关车床产品说明书。能进行数控车床、数控铣床、加工中心等典型数控机床程序的新建、检查、修改、保存和删除等操作；能熟练进行各种机床上换刀、变速的操作；能熟练进行各种机床上手动、手摇操作试切削。在教师的指导下，参观数控加工仿真机房，接受相关培训。阅读仿真教室管理规定，规范使用计算机；查阅仿真软件的相关操作手册、说明，查阅仿真软件各菜单、功能按钮的名称和作用；利用仿真软件完成零件的装夹、刀具的选择、建立新程序和删除程序等操作。按照仿真教室规定，整理现场，保持清洁的学习环境；积极展示学习成果，总结和反思，完成相关考核，对自己和同学完成工作任务情况进行评价。

学习目标

　　1. 能够在常见数控机床上用面板上按钮手工进行程序的新建、输入、修改、删除和保存。

　　2. 能够在常见数控机床上使用面板按钮手工进行换刀、变速操作。

　　3. 能够在常见数控机床上使用面板按钮、手轮，进行手动、手摇操作试切削加工。

　　4. 能够按照仿真教室管理规定，规范使用计算机。

　　5. 能够按照仿真软件操作手册说明，根据用途正确选择和使用各菜单、工具和功能按钮。

　　6. 能够使用仿真软件的菜单、工具、按钮熟练地模拟数控程序的新建、输入、修改、保存和删除操作。

　　7. 能够使用仿真软件熟练模拟工件的装夹、刀具的选择和手动试切削等操作。

　　8. 能够按照仿真教室规定，整理现场，保持清洁的学习环境。

　　9. 能够积极展示学习成果，在小组的讨论中总结和反思，提高学习效率。

建议课时

　　16 课时。

任务流程与活动

　　↳学习活动 2.1：数控机床基本操作的演示和训练（6 课时）。
　　↳学习活动 2.2：数控仿真软件的演示和训练（6 课时）。
　　↳学习任务 2.3：工作成果的展示、总结和评价（4 课时）。

学习活动 2.1 数控机床基本操作的演示和训练

学习内容

1. 在常见数控机床上使用面板按钮手工进行程序的新建、输入、修改、删除和保存。

2. 在常见数控机床上使用面板按钮进行手动换刀、变速操作。

3. 在常见数控机床上使用面板按钮、手轮，进行手摇操作试切削加工。

建议课时

6 课时。

学习地点

数控加工车间、一体化教室。

学习准备

1. 工作页。
2. 各种数控系统说明书。
3. 数控编程教材。
4. 笔录工具、照相工具和存储工具。

学习过程

一、小组分工

根据抽签分组，选举或指定组长，根据小组成员的特点进行分工并填写表 2-1。

表 2-1 小组成员分工表

成员姓名	职 务	成员特点	小组中的任务分工	备 注

二、收集信息

听讲、查阅资料、观看视频，收集关于数控机床的基本操作方法的信息。

1）叙述程序、程序段的概念、用途和组成，程序段的格式与结构。

2）叙述坐标系的种类，相对坐标清零的原因。

3）叙述数控编程的概念及如何辨识编程常用指令。

4）叙述常见数控机床上安装刀具与工件的方法。

5）叙述常见数控机床上不同刀具的换刀方法，主轴的变速方法。

6）叙述常见数控机床上使用面板按钮、手轮进行手动、手摇操作试切削加工的方法。

7）叙述编程在数控加工中的重要性。

三、演示和训练

演示和训练各种数控机床的基本操作方法。

1）穿戴工装、检查机床。

2）按操作规程正确开机。

3）在常见数控机床上使用面板按钮手工进行程序的新建、输入、修改、删除和保存。

4）在常见数控机床上安装毛坯和各种刀具。

5）在常见数控机床上使用面板按钮手工和自动进行换刀、变速操作。

6）在常见数控机床上使用面板按钮、手轮进行手动和手摇操作试切削加工。

7）关机并维护机床。

注意：正确、及时使用急停按钮，有效地防止撞车等事故发生。

四、小组讨论

小组讨论，对完成工作的情况进行说明和展示。

学习活动 2.2　数控仿真软件的演示和训练

学习内容

1. 描述仿真教室的管理规定、计算机的操作规范。

2. 按照仿真软件的相关操作说明操作，根据用途正确选择和使用仿真软件各菜单、工具和功能按钮，并进行仿真软件的基本操作。

3. 使用仿真软件的菜单、工具、按钮，熟练模拟数控加工程序的新建、输入、修改、保存和删除操作。

4. 使用仿真软件熟练模拟工件的装夹、刀具的选择和手摇操作试切削加工。

建议课时

6 课时。

学习地点

仿真教室。

学习准备

1. 工作页。
2. 仿真软件说明书。
3. 仿真教室管理规定，计算机的操作规范。
4. 数控编程教材。
5. 笔录工具、摄像工具和存储工具。

学习过程

一、信息咨询和收集

1）描述仿真教室管理规定并列举常见的违规行为。

2）描述计算机的操作规程并列举常见的违规行为。

二、仿真软件的基本操作

1）说明仿真软件的启动方法。

2）描述仿真软件的界面。

3）描述仿真模拟操作过程。

4）说明模拟加工对学习数控加工有什么帮助。

三、用仿真软件模拟训练

1）按照仿真软件的相关操作说明操作，根据用途正确选择和使用仿真软件各菜单、工具和功能按钮，并进行仿真软件的基本操作。

2）使用仿真软件的菜单、工具、按钮熟练模拟数控加工程序的新建、输入、修改、保存和删除操作。

3）仿真模拟常见数控机床工件和刀具的安装，采用手动和自动方式进行换刀、变速操作。

4）模拟在各种数控机床上用不同的刀具对毛坯进行手动和手摇操作试切削。

四、小组讨论

小组讨论，对完成工作的情况进行说明和展示。

提示

小组记录需有记录人、主持人、日期、内容等要素。

学习活动 2.3　工作成果的展示、总结和评价

学习内容

1. 正确规范地撰写总结。
2. 采用多种形式进行成果展示。

建议课时

4 课时。

学习地点

一体化教室。

学习准备

1. 工作页。
2. 课件。
3. 展板。
4. 书面总结。
5. 视频资料。

学习过程

采用自我评价、小组评价、教师评价结合的发展性评价体系。

一、展示与评价

把个人制作好的制件先进行分组展示，再由小组推荐代表做必要的介绍。在展示的过程中，以小组为单位进行评价；评价完成后，根据其他组成员对本组的评价意见进行归纳总结。

1. 写出自评工作总结

_____

_____

_____

_____

_____

_____

2. 写出成果展示方案

1）制作展板，展示作业和成果。

2）通过录像展示模拟和实际操作过程。

3）各组派代表口述汇报成果，自评并答辩。

二、教师评价

教师对展示的成果做评价。

1）对各组的优点进行点评。

2）对各组的缺点进行点评，并提出改进方法。

3）评价整个任务完成中出现的亮点和不足。

三、总体评价

进行总体评价，并填写表 2-2、表 2-3、表 2-4。

_____

_____

_____

_____

_____

_____

_____

_____

_____

_____

任课教师：_____　　　　　_____年_____月_____日

表 2-2 活动过程自评表

组别：_____ 姓名：_____ 学号：_____ ____年____月____日

评价项目及标准		配分	等级评定			
			A	B	C	D
资料质量	（1）能完成资料整理项目	10				
	（2）资料整理内容齐全	10				
	（3）资料整理内容无错误	10				
	（4）资料整理内容整洁、清楚	10				
操作技能	（1）数控机床操作听从实习教师指挥	10				
	（2）数控机床操作准确、无误	10				
	（3）数控仿真软件操作正确、完整	10				
	（4）数控仿真软件模拟加工正确	10				
学习过程	（1）安全操作情况 （2）平时实习的出勤情况 （3）每天练习的完成质量 （4）每天考核的完成质量	10				
情感态度	（1）与教师的互动 （2）工作态度 （3）组员间的交流、合作	10				
合　　计		100				
简要评述						

注：A—优（100%）；B—好（80%）；C—一般（60%）；D—有待提高（40%）。

表 2-3 活动过程互评表

被评人姓名：_____ 组名：_____ ____年____月____日 评价人：_____

评价项目及标准		配分	等级评定			
			A	B	C	D
资料质量	（1）能完成资料整理项目	10				
	（2）资料整理内容齐全	10				
	（3）资料整理内容无错误	10				
	（4）资料整理内容整洁、清楚	10				
操作技能	（1）数控机床操作听从实习教师指挥	10				
	（2）数控机床操作准确、无误	10				
	（3）数控仿真软件操作正确、完整	10				
	（4）数控仿真软件模拟加工正确	10				

（续）

评价项目及标准		配分	等级评定			
			A	B	C	D
学习过程	（1）安全操作情况 （2）平时实习的出勤情况 （3）每天练习的完成质量 （4）每天考核的完成质量	10				
情感态度	（1）与教师的互动 （2）工作态度 （3）组员间的交流、合作	10				
合　计		100				
简要评述						

注：A—优（100%）；B—好（80%）；C—一般（60%）；D—有待提高（40%）。

表 2-4　任务过程教师评价表

组别			姓名		学号		日期	月　日	配分	得分
教师评价	劳保用品		严格按《实习守则》要求穿戴好劳保用品						3	
	平时表现评价		（1）实习期间出勤情况 （2）遵守实习纪律情况 （3）平时技能操作练习情况 （4）每天实训任务的完成质量 （5）实习岗位卫生情况						10	
	综合专业技能水平	基本知识	（1）能正确认识各种数控机床的加工能力 （2）能描述常见数控机床的组成、结构、功能，指出各部件的名称和作用 （3）能全面掌握常见数控系统及其异同点等信息 （4）能正确认识常见数控机床的面板上的各个功能键的位置、作用及不同点 （5）能按数控机床的安全操作规程，掌握机床的开、关机等基本操作方法 （6）能描述优秀编程员工作进程行为规范，并在日常学习中实施 （7）能分析数控编程在数控加工中的地位						30	
		操作技能	（1）数控机床操作听从实习教师指挥 （2）数控机床操作准确、无误 （3）数控仿真软件操作正确、完整 （4）数控仿真软件模拟加工正确						8	

（续）

组别				姓名		学号		日期	月　日	配分	得分
教师评价	态度评价	（1）与教师的互动，团队合作 （2）组员间的交流、合作 （3）实践动手操作的兴趣、态度、主动积极性								10	
	设备使用	（1）严格按工、量具的型号、规格摆放整齐，保管好实习工、量具 （2）严格遵守机床操作规程和安全操作规章制度，维护保养好实习设备								10	
	资源使用	节约实习消耗用品、合理使用材料								3	
	安全文明实习	（1）遵守实习场所纪律，听从实习指导教师指挥 （2）掌握安全操作规程和消防安全知识 （3）严格遵守安全操作规程、实训中心的各项规章制度和实习纪律 （4）按国家有关法规，发生重大事故者，取消实习资格，并且实习成绩为零分								10	
自评	综合评价	（1）组织纪律性，遵守实习场所纪律及有关规定情况 （2）劳动习惯及实习工位环境情况 （3）实习中个人的发展和进步情况 （4）专业知识与专业操作技能的掌握情况								8	
互评	综合评价	（1）组织纪律性，遵守实习场所纪律及有关规定情况 （2）劳动习惯及实习工位环境情况 （3）实习中个人的发展和进步情况 （4）专业知识与专业操作技能的掌握情况								8	
合　计										100	
建议											

学习任务3 数控机床的对刀操作

任务描述

学生在教师的指导下，参观工厂的数控加工车间，接受相关培训，阅读有关车床产品说明书。能够熟练进行常用机床的装夹工件、换刀、变速等操作；能够熟练进行常用刀具的手动、手摇试切削操作；能够熟练进行常用刀具的对刀操作。在教师的指导下，参观数控加工仿真机房，接受相关培训，阅读仿真教室管理规定，规范使用计算机。利用仿真软件完成工件的装夹、刀具的选择以及换刀、变速等操作；利用仿真软件完成常用刀具的手动、手摇试切削的操作；利用仿真软件熟练进行常用刀具的对刀操作。按照仿真教室的规定，整理现场，保持清洁的学习环境；积极展示学习成果、总结和反思，完成相关考核，对自己和同学完成任务情况进行评价。

学习目标

1. 能够在常见数控机床上用工具、量具、刀具对工件上进行试切削、测量和对刀操作。

2. 能够在常见数控机床上使用工具、量具、刀具对工件进行试切削并校验刀具偏置参数。

3. 能够熟练地标注工件的相对坐标和绝对坐标。

4. 能够按照仿真教室管理规定，规范操作计算机。

5. 能够按照仿真软件的操作手册，按用途熟练选择和使用仿真软件各菜单、工具和功能按钮。

6. 能够使用仿真软件菜单、工具、按钮，熟练模拟上述对刀和试切削等操作。

7. 能够按照仿真教室规定，整理现场，保持清洁的学习环境。

8. 能够积极展示学习成果，在小组讨论中总结和反思，提高学习效率。

建议课时

8课时。

任务流程与活动

⬛学习活动3.1：试切和对刀操作的演示和训练（4课时）。

⬛学习活动3.2：数控仿真软件对刀操作的演示和训练（2课时）。

⬛学习任务3.3：工作成果的展示、总结和评价（2课时）。

学习活动 3.1　试切和对刀操作的演示和训练

学习内容

1. 熟练地认知工件的相对坐标和绝对坐标。
2. 在常见数控机床上使用工具、量具、刀具对工件进行试切削、测量和对刀。
3. 在常见数控机床上使用工具、量具、刀具对工件进行试切削并校验刀具偏置参数。

建议课时

4 课时。

学习地点

数控加工车间、一体化教室。

学习准备

1. 工作页。
2. 常见数控系统说明书。
3. 数控编程教材。
4. 笔录工具、摄像工具和存储工具。

学习过程

一、小组分工

根据抽签分组，选举或指定组长，根据小组成员的特点进行分工、制订工作计划，并填写表 3-1、表 3-2。

表 3-1　小组成员分工表

成员姓名	职　　务	成员特点	小组中的任务分工	备　　注

表 3-2　工作计划表

序　　号	开始时间	结束时间	工作内容	工作要求	执行人

二、收集信息

听讲、查阅资料，收集下列信息：工件坐标系和工件原点的概念和选择方法；数控机床的对刀操作方法。

1）说明工件坐标系、工件坐标的概念，以及工件坐标的种类。

2）说明编程原点（工件坐标系原点）的概念和选择方法。

3）叙述常见数控机床上安装刀具与工件的方法。

4）解释刀位点、起刀点、换刀点（程序起点）、对刀参考点、对刀点、对刀的概念；说明各种数控机床上安装刀具与工件后对不同的刀具进行对刀的方法，以及对刀对加工精度的影响。

5）说明常见数控机床上不同刀具对刀后进行试切削（对刀检查）的方法。说明如何根据检查结果调整刀具偏置参数。

🔍三、演示和训练

演示和训练常见数控机床的基本操作方法。

1）演示和训练标注工件的相对坐标和绝对坐标。

2）演示和训练在常见数控机床上使用工具、量具，用不同的刀具在工件毛坯上进行试切削、测量和对刀操作。

3）演示和训练在常见数控机床上使用工具、量具在工件毛坯上进行试切削和校验、更改刀具偏置参数的操作。

👥四、小组讨论

小组讨论，对完成工作的情况进行说明和展示。

学习活动 3.2　数控仿真软件对刀操作的演示和训练

学习内容

1. 叙述仿真教室管理规定和计算机的操作规范。

2. 按照仿真软件操作手册的说明，根据用途正确选择和使用菜单、工具和按钮，并进行仿真软件的基本操作。

3. 使用仿真软件完成常见数控机床工件、刀具的安装和对刀操作。

4. 使用仿真软件完成常见数控机床对刀后的试切削（对刀检查）操作。

5. 使用仿真软件描述工件坐标系和工件的相对坐标和绝对坐标。

建议课时

2 课时。

学习地点

仿真教室。

学习准备

1. 工作页。
2. 仿真软件说明书。
3. 数控编程教材。
4. 笔录工具、摄像工具和存储工具。

学习过程

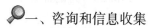一、咨询和信息收集

1）从安全用电、防火、计算机使用三个方面列举机房行为规范应该包含的内容。

2）叙述用仿真软件学习编程的优缺点。

二、仿真软件的基本操作。

1）说明仿真软件的关闭方法。

2）叙述仿真软件的保存程序和提交作业的步骤。

3）叙述仿真模拟加工操作的记录方法。

三、讲解、示范、演示仿真软件的基本操作

1）仿真模拟常见数控机床上安装工件和刀具，并且针对不同的刀具进行对刀的操作。

2）仿真模拟常见数控机床上安装刀具与工件，并用不同的刀具对刀后进行试切削（对刀检查）的操作。

3）在零件图上标注工件坐标系和工件的相对坐标和绝对坐标。

四、用仿真软件仿真模拟的基本操作

1）仿真模拟常见数控机床上安装工件和刀具，并且针对不同的刀具进行对刀的操作。

2）仿真模拟常见数控机床上安装刀具与工件，并用不同的刀具对刀后进行试切削（对刀检查）的操作。

3）描述工件坐标系和工件的相对坐标和绝对坐标。

五、小组讨论

小组讨论，对完成工作的情况进行说明和展示。

提示

小组记录需有记录人、主持人、日期、内容等要素。

学习活动 3.3　工作成果的展示、总结和评价

学习内容

1. 正确规范地撰写总结。
2. 采用多种形式进行成果展示。

建议课时

2 课时。

学习地点

一体化教室。

学习准备

1. 工作页。
2. 课件。
3. 展板。
4. 书面总结。
5. 视频资料。

学习过程

采用自我评价、小组评价、教师评价结合的发展性评价体系。

一、展示与评价

把个人制作好的制件先进行分组展示，再由小组推荐代表做必要的介绍。在展示的过程中，以小组为单位进行评价；评价完成后，根据其他组成员对本组的评价意见进行归纳总结。

1. 写出自评工作总结

_____

_____

_____

_____

_____

2. 写出成果展示方案

1）制作展板，展示作业和成果。

2）通过录像展示模拟和实际操作过程。

3）各组派代表口述汇报成果，自评并答辩。

二、教师评价

教师对展示的成果分别做评价。

1）对各组的优点进行点评。

2）对各组的缺点进行点评，并提出改进方法。

3）评价整个任务完成中出现的亮点和不足。

三、总体评价

进行总体评价，并填写表 3-3 ~ 表 3-5。

_____

_____

_____

_____

_____

_____

_____

_____

_____

_____

任课教师：_____　　　　　_____年_____月_____日

表 3-3　活动过程自评表

组别：_____　姓名：_____　学　号：_____　_____年___月___日

评价项目及标准		配分	等级评定			
			A	B	C	D
资料质量	（1）能完成资料整理项目	10				
	（2）资料整理内容齐全	10				
	（3）资料整理内容无错误	10				
	（4）资料整理内容整洁、清楚	10				
操作技能	（1）数控机床操作听从实习教师指挥	10				
	（2）数控机床操作准确、无误	10				
	（3）数控仿真软件操作正确、完整	10				
	（4）数控仿真软件模拟加工正确	10				
学习过程	（1）安全操作情况 （2）平时实习的出勤情况 （3）每天练习的完成质量 （4）每天考核的完成质量	10				
情感态度	（1）与教师的互动 （2）工作态度 （3）组员间的交流、合作	10				
合　　计		100				
简要评述						

注：A—优（100%）；B—好（80%）；C——一般（60%）；D—有待提高（40%）。

表3-4　活动过程互评表

被评人姓名：_____　组名：_____　_____年___月___日　评价人：_____

评价项目及标准		配分	等级评定			
			A	B	C	D
资料质量	（1）能完成资料整理项目	10				
	（2）资料整理内容齐全	10				
	（3）资料整理内容无错误	10				
	（4）资料整理内容整洁、清楚	10				
操作技能	（1）数控机床操作听从实习教师指挥	10				
	（2）数控机床操作准确、无误	10				
	（3）数控仿真软件操作正确、完整	10				
	（4）数控仿真软件模拟加工正确	10				
学习过程	（1）安全操作情况 （2）平时实习的出勤情况 （3）每天练习的完成质量 （4）每天考核的完成质量	10				
情感态度	（1）与教师的互动 （2）工作态度 （3）组员间的交流、合作	10				
合　计		100				
简要评述						

注：A—优（100%）；B—好（80%）；C——般（60%）；D—有待提高（40%）。

表3-5　任务过程教师评价表

组别			姓名		学号		日期	月　日	配分	得分
教师评价	劳保用品	严格按《实习守则》要求穿戴好劳保用品							3	
	平时表现评价	（1）实习期间出勤情况 （2）遵守实习纪律情况 （3）平时技能操作练习情况 （4）每天实训任务的完成质量 （5）实习岗位卫生情况							10	

（续）

组别				姓名		学号		日期	月　　日	配分	得分
教师评价	综合专业技能水平	基本知识	（1）能正确认识常见数控机床的加工能力 （2）能描述常见数控机床的组成、结构、功能，指出各部件的名称和作用 （3）能全面掌握常见机床的数控系统及异同点等信息 （4）能正确认识常见数控机床的面板上的各个功能键的位置、作用及不同点 （5）能按数控机床的安全操作规程掌握机床的开、关机等基本操作方法 （6）能描述优秀编程员工作进程行为规范，并在日常学习中实施 （7）能分析数控编程在机床加工中的地位						30	
		操作技能	（1）数控机床操作听从实习教师指挥 （2）数控机床操作准确、无误 （3）数控仿真软件操作正确、完整 （4）数控仿真软件模拟加工正确						8	
	态度评价		（1）与教师的互动，团队合作 （2）组员间的交流、合作 （3）实践动手操作的兴趣、态度、主动积极性						10	
	设备使用		（1）严格按工、量具的型号、规格摆放整齐，保管好实习工、量具 （2）严格遵守机床操作规程和安全操作规章制度，维护保养好实习设备						10	
	资源使用		节约实习消耗用品、合理使用材料						3	
	安全文明实习		（1）遵守实习场所纪律，听从实习指导教师指挥 （2）掌握安全操作规程和消防安全知识 （3）严格遵守安全操作规程、实训中心的各项规章制度和实习纪律 （4）按国家有关法规，发生重大事故者，取消实习资格，并且实习成绩为零分						10	
自评	综合评价		（1）组织纪律性，遵守实习场所纪律及有关规定情况 （2）劳动习惯及实习工位环境情况 （3）实习中个人的发展和进步情况 （4）专业知识与专业操作技能的掌握情况						8	
互评	综合评价		（1）组织纪律性，遵守实习场所纪律及有关规定情况 （2）劳动习惯及实习工位环境情况 （3）实习中个人的发展和进步情况 （4）专业知识与专业操作技能的掌握情况						8	
合　　计										100	
建议											

学习任务4 阶梯轴数控车削手工编程

任务描述

某单位获得一批阶梯轴零件的加工任务，共30件，工期为3天。生产管理部门同技术人员与客户协商制定了合同中技术要求的附加条款。生产管理部门向车间下达加工该零件的任务单，工期为3天，任务完成后提交成品件及检验报告。车间管理部门将接收的该零件的任务单下达技术科，要求编程员制定加工工艺并提供手工编制的数控车削加工程序，经试加工后，将程序和样品提交车间，供数控车床操作工加工使用。

学习目标

1. 能识读带有锥面的阶梯轴的任务单、图样和工艺卡，查阅相关资料并进行计算，明确加工技术要求，划分加工工步，确定切削用量。

2. 能根据现场条件，查阅相关资料，确定符合加工技术要求的毛坯、工具、量具、夹具、刀具、辅具及切削液。

3. 能参考编程手册，根据工艺文件、图样等技术文件，选择合理的刀具路径，计算相关基点坐标，选用适当的编程指令完成零件的数控车削加工程序的编制，并用仿真软件完成零件的模拟加工。

4. 能将所编程序输入数控车床并进行模拟校验，对错误程序段及时修改，以验证程序的正确性、完整性。

5. 能指导车工，在加工过程中严格按照数控车床操作规程操作。按工步切削工件；根据切削状态调整切削用量，保证正常切削；适时检测，保证精度。

6. 能在加工完成后进行自检，判断零件是否合格，并考虑是否可对所编程序进行优化，以确保所编程序经济、有效、最佳。

7. 能按照车间规定，规范填写交接记录。

8. 能主动获取信息，展示工作成果，对学习与工作进行总结反思；能与他人合作，有效沟通。

建议课时

20课时。

任务流程与活动

↳学习活动4.1：信息查找与处理（4课时）。
↳学习活动4.2：工艺分析（2课时）。
↳学习活动4.3：采用不同的数控系统进行手工编程（8课时）。
↳学习活动4.4：加工程序检验（2课时）。

◢学习任务 4.5：工作成果的展示、总结和评价（4 课时）。

学习活动 4.1　信息查找与处理

学习内容

1. 通过向下达任务的部门咨询，能描述阶梯轴零件的用途、批量、关键技术要求及毛坯的特点及其对加工的限制等加工信息。

2. 通过向此零件加工所涉及的车间咨询，能描述有关设备的加工能力、特点等。

3. 在资料室或图书馆查询相似零件的加工工艺和加工程序等资料，供编程参考。

4. 讨论、总结编程步骤，制订本学习任务的工作计划。

建议课时

4 课时。

学习地点

一体化教室。

学习准备

1. 工作页。
2. 各种数控系统编程手册。
3. 接入局域网的计算机、多媒体设备。
4. 数控仿真软件。
5. 编程教学动画。
6. 机械加工手册。
7. 数控编程教材。
8. 绘图、计算工具。

学习过程

🔍 一、小组分工

根据抽签分组，选举或指定组长，根据小组成员的特点进行分工并填写表 4-1。参考编程操作步骤制订本学习任务的工作计划并填写表 4-2。

表 4-1 小组成员分工表

成员姓名	职 务	成员特点	小组中的任务分工	备 注

表 4-2 工作计划表

序 号	开始时间	结束时间	工作内容	工作要求	执行人

二、咨询加工信息

1）此阶梯轴零件是控制阀的阀芯。向下达任务的部门咨询该零件的用途、批量、关键技术要求，了解毛坯的特点及其对加工的限制等加工信息。

2）向阶梯轴零件加工所涉及的车间咨询，核实有关设备的加工能力、特点等信息。

3）在资料室或图书馆查询相似零件的编程案例，分析加工工艺和加工程序，供编程参考。（通过分析案例，找出选择阶梯轴加工需要的辅助指令的理由，从而学习轴类零件的编程。）

4）列出此阶梯轴的技术要求。

🔍 三、确定手工编程步骤

采用网上查阅、阅读参考书、查阅数控车削编程手册、观看编程指令的教学动画等手段，研究手工编程有关知识和步骤，填写表 4-3 并回答相关问题。

1）填写手工编程步骤表。

表 4-3 手工编程步骤

序　号	内　容	注意事项

2）数控车削编程的特点是什么？

3）数控编程的工艺特点是什么？

4）数控编程方法如何分类？

5）数控加工所涉及的加工工艺、工艺卡、加工工序、加工工步、加工工时、加工走刀、刀具路径（进给轨迹）等有关概念是什么？

6）游标卡尺和千分尺等检测工具的使用要求是什么？

四、总结仿真软件编程步骤

总结仿真软件编程步骤并填写表4-4。

表4-4 仿真软件编程步骤

序　号	内　容	注意事项

五、分析加工重、难点

查阅机械加工手册，解读零件图要求，分析轴类零件加工重点和难点并填写表 4-5。

表 4-5　零件图分析表

序　号	重　点	难　点

六、讨论、总结、考评（表 4-6）

表 4-6　综合评价表

学生姓名_____　　小组名称_____　　教师_____　　日期_____

项　目	自我评价	小组评价	教师评价
信息收集能力			
交流、协作能力			
编程手册认知能力			
分析、总结能力			
工作页质量			
工作态度			
劳动纪律			
总　评			

七、小组讨论

小组讨论，对完成工作的情况进行说明和展示。

学习活动 4.2 工 艺 分 析

学习内容

1. 根据学习活动 4.1 所掌握的技能，阅读生产任务单，识读零件图，进行成本分析，确定毛坯的材料、尺寸和类型。
2. 通过讨论、分析，确定本零件的加工工序、加工基准、加工部位、刀具路径和工艺参数，填写工艺卡。
3. 通过讨论、分析，选择工件的装夹方法和夹具。
4. 通过讨论、分析，确定本零件数控加工的对刀点和换刀点。

建议课时

2 课时。

学习地点

一体化教室。

学习准备

1. 机械加工手册。
2. 数控编程教材。
3. 金属加工工艺教材。
4. 绘图、计算工具。
5. 工作页、生产任务单、零件图。

学习过程

一、分析加工工艺

根据学习活动 4.1 所掌握的技能对生产任务单（表 4-7）、零件图进行识读、讨论和分析，明确该零件的用途、分类及加工要求，根据成本确定毛坯的材料、尺寸和类型。阶梯轴的零件图和立体图如图 4-1、图 4-2 所示。

表 4-7 生产任务单

单位（需方）名称		×××企业		完成日期	×年×月×日
序号	产品名称	材料	数量	技术标准、质量要求	
1	阶梯轴	45	30 件	按图样要求	

（续）

单位（需方）名称		×××企业		完成日期	×年×月×日	
序号	产品名称	材料	数量	技术标准、质量要求		
生产批准时间		年　月　日	批准人			
通知任务时间		年　月　日	发单人			
接单时间		年　月　日	接单人		生产班组	车工组

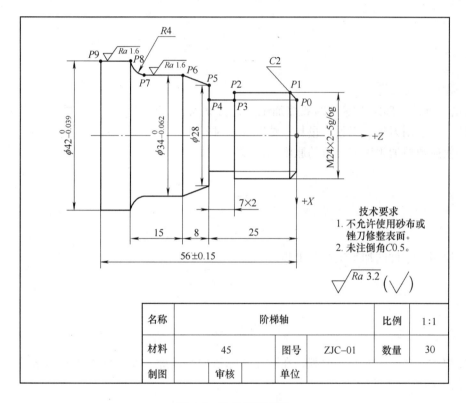

名称		阶梯轴		比例	1:1
材料	45	图号	ZJC–01	数量	30
制图		审核		单位	

图 4-1 阶梯轴零件图

图 4-2 阶梯轴立体图

1）在生产和生活中什么场合能见到传动轴？它们有哪些用途和类别？

2）加工本零件所需的毛坯有什么特点？画出毛坯图。

二、确定加工工艺

讨论、分析，确定本零件的数控加工工艺方案（加工工序、加工基准、所用夹具、工步划分等），选用刀具、工具、量具；估算加工时间。

1）叙述数控加工工艺分析的原则和步骤。

2）说明本零件的加工工序和工步。

3）叙述工艺路线的确定原则，在图样上标示加工基准、加工部位和刀具路径，估计各工步的加工时间。

4）叙述选择装夹方法和夹具的原则，说明本工件的装夹方法和夹具。

5）讨论、分析，确定本零件数控加工的对刀点、起刀点和换刀点，并在零件图上标出。

6）讨论、分析，确定加工本零件所需刀具、量具，并填写表 4-8 和表 4-9。

表 4-8　刀具清单

刀号	刀具种类	刀具规格	数量	刀尖圆弧半径	刀尖方位号	对应加工部位

表 4-9　工具、量具、辅具清单

名　　称	数　　量	用　　途	备　　注

三、填写加工参数表

根据教材和机械加工手册讨论、分析，确定工艺参数并填写表 4-10。

表 4-10　带锥面阶梯轴的数控车削工艺参数

序号	加工内容	刀具号	背吃刀量 /mm	进给量 / （mm/r）	主轴转速 / （r/min）	备　注

四、填写工艺卡

填写本零件数控车削工艺卡（表 4-11）。

表 4-11　阶梯轴数控车削工艺卡

（单位名称）		数控车削工艺卡		产品名称			图号			
				零件名称	阶梯轴		数量		30	共 1 页
材料种类	优质碳素结构钢		材料	45		毛坯尺寸				第 1 页
工序号		工序内容				车间	设备	夹具	量具	刀具	计划工时	实际工时
		检验				检验室				
更改号						拟定	校正	审核		批准
更改者										
日期										

五、汇总与评价（表4-12、表4-13）

表 4-12　小组活动记录汇总表

记录人_____　主持人_____　日期_____

序号	工作时段	工作内容	工作要求	完成质量	备注

表 4-13　综合评价表

学生姓名_____　小组名称_____　教师_____　日期_____

项　　目	自我评价	小组评价	教师评价
编程手册认知能力			
分析、总结能力			
交流、协作能力			
工作页质量			
工作态度			
劳动纪律			
总　　评			

六、小组讨论

　　小组讨论，对完成工作的情况进行说明和展示。

提示

　　小组记录需有记录人、主持人、日期、内容等要素。

学习活动 4.3　采用不同的数控系统进行手工编程

学习内容

1. 根据对刀点、换刀点，确定编程原点及工件坐标系，按照刀具路径计算零件图中各基点坐标。

2. 按照编程格式确定加工程序文件名和程序开始名。

3. 按照不同数控系统的编程规则及零件的加工工步、刀具路径和工艺参数，模拟零件的加工。可利用模拟编程软件，用指令编写程序控制车床运动。

4. 组内讨论、分析，纠正、优化加工程序。

建议课时

8 课时。

学习地点

一体化教室。

学习准备

1. 数控编程教材。
2. 不同数控系统编程手册。
3. 绘图、计算工具。
4. 工作页。

学习过程

一、计算基点坐标

根据对刀点、换刀点，确定编程原点及工件坐标系，按照刀具路径计算零件图中各基点坐标。

1. 标出各基点

描述数控编程基点和节点的概念，在零件图上标出编程原点、坐标系和各基点名称。

2. 计算各基点坐标的公称值

计算零件图中各基点坐标的公称值并填表 4-14。

表4-14　基点坐标公称值

基点名称	P_0	P_1	P_2	P_3	P_4	P_5	P_6	P_7	P_8	P_9
X										
Z										

3. 计算各基点坐标的公差带中间值

计算具有公差的编程尺寸坐标，计算各基点坐标公差带中间值的坐标值并填写表4-15。

表4-15　基点公差带中间值坐标

基点名称	P_0	P_1	P_2	P_3	P_4	P_5	P_6	P_7	P_8	P_9
X										
Z										

4. 计算螺纹切削的相关尺寸

1）内、外螺纹的实际顶径：

2）螺纹牙高：

3）螺纹小径：

4）螺纹中径：

5）螺纹切削的进给次数与背吃刀量：

二、选择编程指令

按照编程格式，选择正确的编程指令，编写加工程序。

1）写出编程格式。

2）比较不同数控系统的带小数数值的输入方法。

3）列出程序的结构与组成。

4）分析数控加工程序的分类及用途。

5）说明功能指令（代码）的概念、用途、组成和分类。

6）按照编程格式，编写加工程序并确定文件名和程序开始名。

7）对比不同系统中影响刀尖运动轨迹的指令 G00、G01、G02、G03、G04、G32 等的格式、功能及使用注意事项。

8）列出不同系统中常用功能指令 G50/G54/G92/G52/G59，G20/G21，G98/G99，G96/G97/G50，G40/G41/G42，M01/M00，M03/M04/M05，M08/M09，M02/M30，M98，F、S、T 的用法。

三、编写加工程序

按照不同数控系统的编程规则以及零件的加工工步、刀具路径和工艺参数，模拟零件的加工。利用模拟编程软件，用指令编写本零件的粗、精加工程序。用指令代替手工操作机床，以控制车床运动，并填写表4-16。

表4-16 带锥面阶梯轴的数控车削手工编程程序清单

数控系统_____   编程者_____   组别_____

程序段号	程序指令	说　　明	备　注
	O_ _ _	程序开始名	
N0010			
N0020			
N0030			
N0040			
N0050			
N0060			
N0070			
N0080			
	M05 M09；	停止机床加工	
	M30；	结束程序返回加工程序起点	

四、讨论、分析

组内讨论、分析，纠正、优化加工程序并填写表4-17。

表4-17　综合评价表

学生姓名＿＿＿＿＿＿＿＿　小组名称＿＿＿＿＿＿＿＿　教师＿＿＿＿＿＿＿＿　日期＿＿＿＿＿＿＿＿

项　　目	自我评价	小组评价	教师评价
编程手册认知能力			
分析、总结能力			
交流、协作能力			
工作页质量			
工作态度			
劳动纪律			
总　　评			

五、小组讨论

小组讨论，对完成工作的情况进行说明和展示。

提示

小组记录需有记录人、主持人、日期、内容等要素。

学习活动4.4　加工程序检验

学习内容

1. 以情景模拟的形式扮演编程员，直接或授权车工从资料室及库房领取相关手册、毛坯料、刀具、检验卡并填写交接记录。

2. 以情景模拟的形式扮演编程员，分组进行程序的手工录入。程序录入后采用移动存储器输入或采用网络传输，之后进行模拟校验，如程序有错误，及时纠正。

3. 在教师的监督下指导车工试加工（学生用仿真软件进行模拟加工）。在加工过程中，严格按照数控车床操作规程操作车床。按工序切削工件，并根据切削状态及时停车调整切削用量，保证正常切削；适时检测，分析误差；设置刀具偏置参数，保证精度。记录各工步加工时间。

4. 在加工完成后，进行自检和组间互检，判断零件是否合格。讨论是否可对所编程序进行优化，以确保所编程序经济、有效、最佳。

建议课时

2课时。

学习地点

仿真实验室，数控车间。

学习准备

1. 数控编程教材。
2. 不同数控系统编程手册。
3. 绘图、计算工具。
4. 工作页。

学习过程

一、领料

以情景模拟的形式扮演编程员，直接或授权车工从资料室及库房领取相关手册、毛坯料、刀具、检验卡，填写交接记录。

二、程序录入

以情景模拟的形式扮演编程员，分别用下列方法进行程序的录入。

1）在数控车床操作面板上用按键手工录入所编加工程序。

2）在计算机上录入后采用移动存储器输入数控车床。

3）在计算机上录入后采用网络传输方式将程序传输给数控车床。

三、模拟校验

在数控车床上对所录入的程序进行模拟校验（可使用仿真软件模拟）。

1）设置模拟校验的毛坯尺寸。

2）在自动模式下调整显示方式。

3）在模拟方式下按自动运行键进行校验。

4）对有错误的程序段及时纠正。

四、试加工

可使用仿真软件仿真加工。

在教师的监督下指导车工试加工。在加工过程中，严格按照数控车床操作规程操作车床。按工序切削工件，并根据切削状态及时停车调整切削用量，保证正常切削；适时检测，分析误差；设置刀具偏置参数，保证精度。记录各工步加工时间，测算成本并填写表4-18。对刀后填写表4-19。完成3个案例分析。

表 4-18　成本测算表

序　号	加工工步	加工时间	成本测算（设备、能源、辅料按 40 元/工时标准核算）
合　计			

表 4-19　对刀表

刀　具	刀具号	X 轴偏置值	Z 轴偏置值	刀尖圆弧半径和刀尖方位号

案例分析 1

如果在粗加工过程中突然停电，刀具会发生损坏，从而无法继续加工。为了完成零件加工任务，接下来你会怎么做？

案例分析 2

在加工过程中如果出现撞刀或刀具与工件干涉，其后果是什么？如何改正程序才能保证不发生撞刀或干涉？

案例分析3

如果在零件加工完成后，发现其右端面中心多了一个小台阶，试分析其产生的原因和解决方法。

🔍五、零件的检验（模拟企业检验人员对零件进行检验）

在加工完成后，进行自检和组间互检，判断零件是否合格（也可在仿真软件上仿真）。讨论是否可对所编程序进行优化，以确保所编程序经济、有效、最佳。

1. 尺寸检验

检验所完成的零件是否符合尺寸要求，判断是否满足零件图中的要求并填写表4-20。

表4-20　检验表

序号	位置	公称尺寸	极限偏差	学生检验			教师检验			评分记录
				实际尺寸	符合要求		实际尺寸	符合要求		
					是	否		是	否	

2. 表面质量检验

根据零件的表面质量填写表4-21。

表4-21　表面质量检验表

序　　号	检验项目	仪器检验	目视检验
1	零件是否按图样加工		
2	平面的表面状态		
3	去毛刺		

3. 产品交付

根据检验结果，填写表 4-22。

表 4-22 产品交付表

根据检验表是否可以将该车削件交付客户	学生	教师	评分记录
	是_____ 否_____	是_____ 否_____	

4. 误差分析记录

分析误差产生的原因并提出解决办法。

六．优化程序

对所设计的加工工艺和所编程序进行优化，修改工艺卡和加工程序，确保所编程序经济、有效、最佳。

七、填写工作进度表（表 4-23）

表 4-23 工作进度表

序 号	开始时间	结束时间	工作内容	工作要求	备 注

八、综合评价（表4-24）

表 4-24　综合评价表

学生姓名＿＿＿＿＿＿　　小组名称＿＿＿＿＿＿　　教师＿＿＿＿＿　　日期＿＿＿＿＿＿

项　　目	自我评价	小组评价	教师评价
检验量具的使用			
尺寸检验			
表面质量检验			
误差分析			
工作态度			
劳动纪律			
工作效率			
总　　评			

九、小组讨论

　　小组讨论，对完成工作的情况进行说明和展示。

提示

　　小组记录需有记录人、主持人、日期、内容等要素。

学习活动 4.5　工作成果的展示、总结和评价

学习内容

　　1. 在小组讨论中采用多种形式展示工作成果。

　　2. 正确规范地撰写总结。分析"阶梯轴"加工中获得的经验和教训。描述通过"阶梯轴"的仿真加工所学到的编程知识与技能。讨论分析"阶梯轴"加工缺陷的形成原因和今后应采取的措施。

　　3. 准确、清晰地对教师的提问进行答辩。

　　4. 对自己学习任务的完成质量进行自评并能展开互评；有效地与他人合作，以获取解决问题的途径。

建议课时

4 课时。

学习地点

一体化教室。

学习准备

1. 工作页。
2. 课件。
3. 接入局域网的计算机、多媒体设备。
4. 书面总结。
5. 仿真加工模型或试件。
6. 展板。
7. 答辩计时器。

学习过程

一、展示准备

1. 写出工作总结

正确规范地撰写工作总结。

2. 分析加工过程

请说出在"阶梯轴"仿真加工中存在什么不足，是什么原因导致的，下次如何避免。

3. 写出成果展示方案

1）填写本零件数控车削程序清单（表4-25）。

2）填写本零件数控车削工艺卡（表4-26）。

表 4-25　阶梯轴数控车削程序清单

数控系统＿＿＿＿＿＿＿＿　编程者＿＿＿＿＿＿＿＿　组别＿＿＿＿＿＿＿＿

程序段号	程序指令	说　明	程序段号	程序指令	说　明
N0010					

表 4-26　阶梯轴数控车削工艺卡

（单位名称）数控加工工艺卡片		产品型号		零件图号		共　页
		产品名称		零件名称		第　页
材料牌号 45	毛坯种类	毛坯外形尺寸	每毛坯件数	每台件数		备注

工序	工步	装夹	工序内容	同时加工零件数	切削用量 背吃刀量/mm	切削速度/(m/min)	主轴转速/(r/min)	进给量/(mm/r)	工艺装备名称及编号 夹具	刀具	量具	技术等级	工时 单件	准终

			设计（日期）	校对（日期）	审核（日期）	标准化（日期）	会签（日期）
标记	处数	更改文件号	签字	日期	标记 处数 更改文件号	签字	日期

二、展示与评价

把个人制作好的制件先进行分组展示，再由小组推荐代表做必要的介绍。在展示的过程中，以组为单位进行评价；评价完成后，根据其他组成员对本组的评价意见进行归纳总结。完成如下项目：

1）展示的产品符合技术要求吗？

合格□　　　　不良□　　　　返修□　　　　报废□

2）与其他组相比，你认为本小组的加工工艺：

工艺优化□　　　　工艺合理□　　　　工艺一般□

3）本小组介绍成果表达是否清晰？

很好□　　　　一般，常补充□　　　　不清晰□

4）本小组演示产品检验的操作正确吗？

正确□　　　　部分正确□　　　　不正确□

5）本小组演示操作时遵循了"7S"的工作要求吗？

符合工作要求□　　　　忽略了部分要求□　　　　完全没有遵循□

6）本小组的成员团队创新精神如何？

良好□　　　　一般□　　　　不足□

7）这次任务本小组是否达到学习目标？本小组的建议是什么？你给予本小组的评分是多少？

自评小结：＿＿＿＿＿＿＿＿＿＿＿＿＿＿＿＿＿＿＿＿＿＿＿＿＿＿＿＿＿＿

＿＿＿＿＿＿＿＿＿＿＿＿＿＿＿＿＿＿＿＿＿＿＿＿＿＿＿＿＿＿＿＿＿＿＿＿＿＿

＿＿＿＿＿＿＿＿＿＿＿＿＿＿＿＿＿＿＿＿＿＿＿＿＿＿＿＿＿＿＿＿＿＿＿＿＿＿

＿＿＿＿＿＿＿＿＿＿＿＿＿＿＿＿＿＿＿＿＿＿＿＿＿＿＿＿＿＿＿＿＿＿＿＿＿＿

＿＿＿＿＿＿＿＿＿＿＿＿＿＿＿＿＿＿＿＿＿＿＿＿＿＿＿＿＿＿＿＿＿＿＿＿＿＿

三、教师评价

教师对展示的作品分别做评价。

1）对各组的优点进行点评。

2）对各组的缺点进行点评，并提出改进方法。

3）评价整个任务完成中出现的亮点和不足。

四、总体评价

进行总体评价并填写表4-27～表4-29。

＿＿＿＿＿＿＿＿＿＿＿＿＿＿＿＿＿＿＿＿＿＿＿＿＿＿＿＿＿＿＿＿＿＿＿＿＿＿

＿＿＿＿＿＿＿＿＿＿＿＿＿＿＿＿＿＿＿＿＿＿＿＿＿＿＿＿＿＿＿＿＿＿＿＿＿＿

＿＿＿＿＿＿＿＿＿＿＿＿＿＿＿＿＿＿＿＿＿＿＿＿＿＿＿＿＿＿＿＿＿＿＿＿＿＿

_____

_____

_____

_____

_____

_____

_____

_____

_____

任课教师：_____　　　　　_____年_____月_____日

表 4-27　活动过程自评表

组别：_____　姓名：_____　学　号：_____　　　_____年___月___日

评价项目及标准		配分	等级评定			
			A	B	C	D
操作技能	（1）能根据加工任务，制定工作计划	10				
	（2）能根据图样，识读零件加工信息	10				
	（3）能预估加工工时并进行成本估算	10				
	（4）能制定加工工艺，确定切削用量	10				
	（5）能确定符合要求的工、量、夹具，刀具和辅具	10				
	（6）能手工编制程序，并进行仿真	10				
	（7）能对程序输入、校验，指导试加工，通过检验分析样件的加工质量	10				
	（8）能互相沟通协作，总结展示成果	10				
学习过程	（1）安全操作情况 （2）平时实习的出勤情况 （3）每天练习的完成质量 （4）每天考核的完成质量	10				
情感态度	（1）与教师的互动 （2）工作态度 （3）组员间的交流、合作	10				
合　计		100				
简要评述						

注：A—优（100%）；B—好（80%）；C——般（60%）；D—有待提高（40%）。

表 4-28　活动过程互评表

被评人姓名：_____　　组别：_____　　_____年___月___日　评价人：_____

评价项目及标准		配分	等级评定			
			A	B	C	D
操作技能	（1）能根据加工任务，制定工作计划	10				
	（2）能根据图样，识读零件加工信息	10				
	（3）能预估加工工时并进行成本估算	10				
	（4）能制定加工工艺，确定切削用量	10				
	（5）能确定符合要求的工、量、夹具、刀具、辅具	10				
	（6）能手工编制程序，并进行仿真	10				
	（7）能对程序输入、校验，指导试加工，通过检验分析样件的加工质量	10				
	（8）能互相沟通协作，总结展示成果	10				
学习过程	（1）安全操作情况 （2）平时实习的出勤情况 （3）每天练习的完成质量 （4）每天考核的完成质量	10				
情感态度	（1）与教师的互动 （2）工作态度 （3）组员间的交流、合作	10				
合　计		100				
简要评述						

注：A—优（100%）；B—好（80%）；C——一般（60%）；D—有待提高（40%）。

表 4-29　任务过程教师评价表

组别			姓名		学号		日期		月　日	配分	得分
教师评价	劳保用品	严格按《实习守则》要求穿戴好劳保用品								3	
	平时表现评价	（1）实习期间出勤情况 （2）遵守实习纪律情况 （3）平时技能操作练习情况 （4）每天实训任务的完成质量 （5）实习岗位卫生情况								10	

（续）

组别			姓名	学号	日期	月　日	配分	得分
教师评价	综合专业技能水平	基本知识	（1）能识读图样和工艺卡，查阅相关资料并计算 （2）熟悉机械工艺基础知识，掌握零件加工工艺流程 （3）熟悉数控车床的手工编程、基点计算 （4）掌握量具的结构、刻线原理及读数方法，并了解量具的维护保养				8	
		操作技能	（1）识读图样 （2）熟悉加工工艺流程选择、工艺路线优化 （3）动手能力强，熟练掌握各项专业操作技能 （4）善于分析、提高自己的综合实践能力				30	
		工具使用	（1）工、量、刀具使用正确及懂得维护保养 （2）熟练操作实习设备和正确使用工、量、刀具				5	
	态度评价		（1）与教师的互动，团队合作 （2）组员间的交流、合作 （3）实践动手操作的兴趣、态度、主动积极性				10	
	设备使用		（1）严格按工、量具的型号、规格摆放整齐，保管好实习工、量具 （2）严格遵守机床操作规程和安全操作规章制度，维护保养好实习设备				5	
	资源使用		节约实习消耗用品、合理使用材料				3	
	安全文明实习		（1）遵守实习场所纪律，听从实习指导教师指挥 （2）掌握安全操作规程和消防安全知识 （3）严格遵守安全操作规程、实训中心的各项规章制度和实习纪律 （4）按国家有关法规，发生重大事故者，取消实习资格，并且实习成绩为零分				10	
自评	综合评价		（1）组织纪律性，遵守实习场所纪律及有关规定情况 （2）劳动习惯及实习工位环境情况 （3）实习中个人的发展和进步情况 （4）专业知识与专业操作技能的掌握情况				8	
互评	综合评价		（1）组织纪律性，遵守实习场所纪律及有关规定情况 （2）劳动习惯及实习工位环境情况 （3）实习中个人的发展和进步情况 （4）专业知识与专业操作技能的掌握情况				8	
合　计							100	
建议								

学习任务5　固定顶尖数控车削手工编程

任务描述

某单位获得一批固定顶尖零件的加工任务，共30件，工期为3天。生产管理部门同技术人员与客户协商制定了合同中技术要求的附加条款。生产管理部门向车间下达加工该零件的任务单，工期为3天，任务完成后提交成品件及检验报告。车间管理部门将接收的该零件的任务单下达技术科，要求编程员制定加工工艺并提供手工编制的数控车削加工程序，经试加工后，将程序和样品提交车间，供数控车床操作工加工使用。

学习目标

1. 能识读固定顶尖的任务单、图样和工艺卡，查阅相关资料并进行计算，明确加工技术要求，划分加工工步，确定切削用量。

2. 能根据现场条件，查阅相关资料，确定符合加工技术要求的毛坯、工具、量具、夹具、刀具、辅具及切削液。

3. 能参考编程手册，根据工艺文件、图样等技术文件，选择合理的刀具路径，计算相关基点坐标，选用适当的编程指令，采用不同的数控系统完成零件的数控车削加工程序的编制。

4. 能将所编程序输入数控车床并进行模拟校验，对错误程序段及时修改，以验证程序的正确性、完整性。

5. 能指导车工，在加工过程中严格按照数控车床操作规程操作。按工步切削工件；根据切削状态调整切削用量，保证正常切削；适时检测，保证精度。

6. 能在加工完成后，进行自检，判断零件是否合格，并考虑是否可对所编程序进行优化，以确保所编程序经济、有效、最佳。

7. 能按照车间规定，规范填写交接记录。

8. 能主动获取信息，展示工作成果，对学习与工作进行总结反思；能与他人合作并有效沟通。

建议课时

18课时。

任务流程与活动

- 学习活动5.1：信息查找与处理（2课时）。
- 学习活动5.2：工艺分析（2课时）。
- 学习活动5.3：采用不同的数控系统进行手工编程（8课时）。
- 学习活动5.4：加工程序检验（2课时）。
- 学习任务5.5：工作成果的展示、总结和评价（4课时）。

学习活动 5.1　信息查找与处理

学习内容

1. 向下达任务的部门咨询此零件的用途、批量、关键技术要求，了解毛坯的特点及其对加工的限制等加工信息。
2. 向此零件加工所涉及的车间咨询有关设备的加工能力、特点等信息。
3. 在资料室或图书馆查询相似零件的加工工艺和加工程序，供编程参考。
4. 讨论、总结编程步骤，制订本学习任务的工作计划。

建议课时

2 课时。

学习地点

一体化教室。

学习准备

1. 工作页。
2. 各种数控系统编程手册。
3. 接入局域网的计算机、多媒体设备。
4. 仿真软件。
5. 编程教学动画。
6. 机械加工手册。
7. 数控编程教材。
8. 绘图、计算工具。

学习过程

一、小组分工

根据抽签分组，选举或指定组长，根据小组成员的特点进行分工并填写表 5-1。参考编程操作步骤制订本学习任务的工作计划并填写表 5-2。

表 5-1　小组成员分工表

成员姓名	职　务	成员特点	小组中的任务分工	备　注

表 5-2　工作计划表

序　号	开始时间	结束时间	工作内容	工作要求	执行人

二、咨询和查阅加工信息

1）向下达任务的部门咨询该零件的用途、批量、关键技术要求，了解毛坯的特点及其对加工的限制等加工信息。

2）向固定顶尖零件加工所涉及的车间咨询，核实有关设备的加工能力、特点等信息。

3）在资料室或图书馆查询相似零件的加工工艺和加工程序，供编程参考。

4）叙述固定顶尖的技术要求。

5）说明锥度轴（图5-1）的主要用途是什么。根据实例说明锥度的分类，以及锥度在机床上的应用。

图5-1　锥度轴

6）说明回转顶尖选用什么材料。说明为达到技术要求都采用了哪些热处理方法。

7）说明固定顶尖（图5-2）的锥度有几种，各适用于什么场合。

图5-2　固定顶尖

三、确定手工编程步骤

采用网上查阅、阅读参考书、查阅数控车削编程手册、观看编程指令的教学动画等手段，研究手工编程有关知识和步骤，填写表5-3。

表 5-3　手工编程步骤

序　号	内　　容	注意事项

四、总结仿真软件编程步骤

总结仿真软件编程步骤并填写表 5-4。

表 5-4　仿真软件编程步骤

序　号	内　　容	注意事项

五、分析加工重、难点

查阅机械加工手册，解读零件图要求，分析加工重点和难点并填写表 5-5。

表 5-5　零件图分析表

序　号	重　点	难　点

🔍 六、讨论、总结、考评（表5-6）

表5-6 综合评价表

学生姓名_____ 小组名称_____ 教师_____ 日期_____

项目	自我评价	小组评价	教师评价
信息收集能力			
交流、协作能力			
编程手册认知能力			
分析、总结能力			
工作页质量			
工作态度			
劳动纪律			
总　评			

👥 七、小组讨论

小组讨论，对完成工作的情况进行说明和展示。

学习活动 5.2 工 艺 分 析

学习内容

1. 根据学习活动 5.1 所掌握的技能，阅读生产任务单，识读零件图，进行成本分析，确定毛坯材料、尺寸和类型。

2. 通过讨论、分析，确定本零件的加工工序、加工基准、加工部位和刀具路径，估算工时，填写工艺卡。

3. 通过讨论、分析，选择工件的装夹方法和夹具。

4. 通过讨论、分析，确定本零件数控加工的对刀点和换刀点。

建议课时

2 课时。

学习地点

一体化教室。

学习准备

1. 机械加工手册。
2. 数控编程教材。
3. 金属加工工艺教材。
4. 绘图、计算工具。
5. 工作页、生产任务单、零件图。

学习过程

一、分析加工工艺

根据学习活动 5.1 所掌握的技能对生产任务单（表 5-7）、零件图进行识读、讨论和分析，明确该零件的用途、分类及加工要求，根据成本确定毛坯材料、尺寸和类型。固定顶尖的零件图如图 5-3 所示。

表 5-7　生产任务单

单位（需方）名称		×××企业		完成日期	×年×月×日	
序号	产品名称	材料	数量	技术标准、质量要求		
1	固定顶尖	45	30 件	按图样要求		
生产批准时间		年　月　日	批准人			
通知任务时间		年　月　日	发单人			
接单时间		年　月　日	接单人		生产班组	车工组

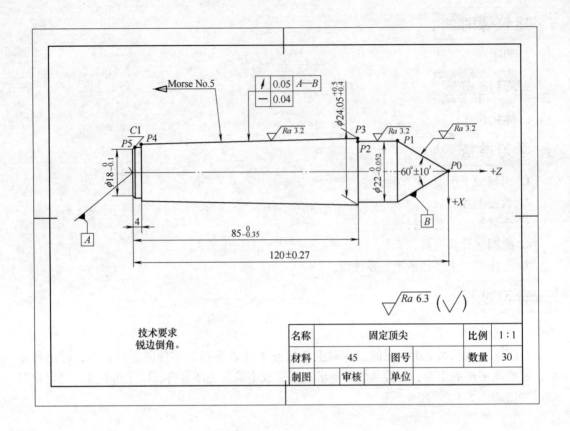

图 5-3　固定顶尖零件图

1) 在生产和生活中什么场合能见到固定顶尖？它们有哪些用途和类别？

2) 加工本零件所需的毛坯有什么特点？画出毛坯图。

二、确定加工工艺

讨论、分析，确定本零件的数控加工工艺（加工工序、加工基准、加工部位和刀具路径等），估算加工时间。

1）叙述数控加工工艺分析的原则和步骤，以及如何加工实现零件的尺寸公差和几何公差。

2）写出本零件的加工工序。

3）在图样上标示加工基准、加工部位、刀具路径以及各工步预计加工时间。

三、确定装夹方法和夹具

讨论、分析，确定本工件的装夹方法和夹具。

四、确定加工中的各基点

讨论、分析，确定本零件数控加工的对刀点和换刀点等基点，并在零件图上标出。

五、确定所用刀具、量具

讨论、分析，确定加工本零件所需刀具、量具，并填写表 5-8 和表 5-9。

表 5-8　刀具清单

刀号	刀具种类	刀具规格	数量	刀尖圆弧半径	刀尖方位号	对应加工部位

表 5-9　工具、量具、辅具清单

名　称	数　量	用　途	备　注

六、填写加工参数表

根据教材和机械加工手册，讨论、分析，确定工艺参数并填写表 5-10。

表 5-10　固定顶尖数控车削工艺参数

序号	加工内容	刀具号	背吃刀量 /mm	进给量 /（mm/r）	主轴转速 /（r/min）	备　注

七、填写工艺卡

填写本零件数控车削工艺卡（表 5-11）。

表 5-11　固定顶尖数控车削工艺卡

（单位名称）	数控车削工艺卡		产品名称		图号							
			零件名称	固定顶尖	数量	30						共 1 页
材料种类	优质碳素结构钢		牌　号	45	毛坯尺寸							第 1 页
工序号	装夹	工步	工序内容	切削用量			车间	设备	夹具	量具	刀具	计划工时	实际工时
				背吃刀量 /mm	主轴转速 /(r/min)	进给量 /(mm/r)							
			检验		检验室								
更改号					拟定		校正		审核		批准		
更改者													
日期													

八、汇总与评价（表 5-12、表 5-13）

表 5-12　小组活动记录汇总表

记录人＿＿＿＿＿　　主持人＿＿＿＿＿　　日期＿＿＿＿＿

序号	工作时段	工作内容	工作要求	完成质量	备注

表 5-13　综合评价表

学生姓名＿＿＿＿＿　　小组名称＿＿＿＿＿　　教师＿＿＿＿＿　　日期＿＿＿＿＿

项　　目	自我评价	小组评价	教师评价
编程手册认知能力			
分析、总结能力			
交流、协作能力			
工作页质量			
工作态度			
劳动纪律			
总　　评			

九、小组讨论

小组讨论，对完成工作的情况进行说明和展示。

提示

小组记录需有记录人、主持人、日期、内容等要素。

学习活动 5.3 采用不同的数控系统进行手工编程

学习内容

1. 根据对刀点、换刀点，确定编程原点及工件坐标系，按照刀具路径计算工件图中各基点坐标。
2. 按照编程格式确定加工程序文件名和程序开始名。
3. 分组按照不同数控系统的编程规则及零件的加工工步、刀具路径和工艺参数，模拟零件的加工。可利用模拟编程软件，用指令编写程序控制车床运动。
4. 组内讨论、分析，纠正、优化加工程序。

建议课时

8 课时。

学习地点

一体化教室。

学习准备

1. 数控编程教材。
2. 不同数控系统编程手册。
3. 绘图、计算工具。
4. 工作页。

学习过程

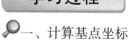

一、计算基点坐标

根据对刀点、换刀点，确定编程原点及工件坐标系，按照刀具路径计算零件图中各基点坐标。

1. 标出各基点

在零件图上标出编程原点、坐标系和各基点名称。

2. 计算各基点坐标的公称值

计算零件图中各基点坐标的公称值并填写表 5-14。

表 5-14　基点坐标公称值

基点名称	P_0	P_1	P_2	P_3	P_4	P_5	P_6	P_7	P_8
X									
Z									

3. 计算各基点坐标的公差带中间值

叙述具有公差的编程尺寸计算方法，计算各基点公差带中间值的坐标值，并填写表 5-15。

表 5-15　基点公差带中间值坐标

基点名称	P_0	P_1	P_2	P_3	P_4	P_5	P_6	P_7	P_8
X									
Z									

二、选择编程指令

按照编程格式，选择正确的编程指令，编写加工程序。

1）根据图 5-4 说明以下各量。

α：

D：

d：

L：

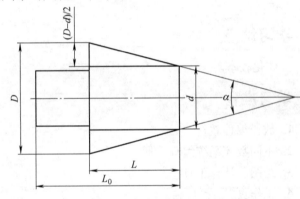

图 5-4　圆锥的参数

2）说明为什么粗车、精车使用刀具不同，刀具路径也不同。

3）叙述循环指令的优缺点和适用场合。

4）叙述不同数控系统中常用循环指令 G90、G92、G94 等的格式、功能及使用注意事项。

5）叙述不同数控系统中常用的刀具补偿指令 G40、G41、G42 等的格式、功能，刀具补偿建立和取消的方法，刀具补偿的应用场合及注意事项。

6）按照编程格式，确定加工程序文件名和程序开始名。

三、编写加工程序

按照不同数控系统的编程规则及零件的加工工步、刀具路径和工艺参数，模拟零件的加工。可利用模拟编程软件，用指令（用刀补指令和单一固定循环切削指令）编写加工本零件的程序。用指令控制车床运动，并填写表 5-16。

表 5-16　固定顶尖数控车削手工编程程序清单

数控系统＿＿＿＿＿＿　　编程者＿＿＿＿＿＿　　组别＿＿＿＿＿＿

程序段号	程序指令	说　　明	备　注
	O＿＿＿	程序开始名	
N0010			
N0020			
N0030			
N0040			
N0050			
N0060			
N0070			
N0080			

（续）

程序段号	程序指令	说　　明	备　　注
	M05 M09；	停止机床加工	
	M30；	结束程序返回加工程序起点	

四、讨论、分析

组内讨论、分析，纠正、优化加工程序并填写表5-17。

表 5-17　综合评价表

学生姓名＿＿＿＿＿＿＿＿＿　　小组名称＿＿＿＿＿＿＿＿　　教师＿＿＿＿＿＿＿　　日期＿＿＿＿＿＿＿

项目	自我评价	小组评价	教师评价
编程手册认知能力			
分析、总结能力			
交流、协作能力			
工作页质量			
工作态度			
劳动纪律			
总　　评			

五、小组讨论

小组讨论，对完成工作的情况进行说明和展示。

提示

小组记录需有记录人、主持人、日期、内容等要素。

学习活动 5.4　加工程序检验

学习内容

1. 以情景模拟的形式扮演编程员，直接或授权车工从资料室及库房领取相关手册、毛坯料、刀具、检验卡并填写交接记录。

2. 以情景模拟的形式扮演编程员，分组进行程序的手工录入。程序录入后采用移动存储器输入或采用网络传输，之后进行模拟校验，如程序有错误，及时纠正。

3. 在教师的监督下指导车工试加工（学生用仿真软件进行模拟加工）。在加工过程中，严格按照数控车床操作规程操作车床。按工序切削工件，并根据切削状态及时停车调整切削用量，保证正常切削；适时检测，分析误差；设置刀具偏置参数，保证精度。记录各工步加工时间。

4. 在加工完成后，进行自检和组间互检，判断零件是否合格。讨论是否可对所编程序进行优化，以确保所编程序经济、有效、最佳。

建议课时

2 课时。

学习地点

仿真实验室，数控车间

学习准备

1. 工作页。
2. 接入局域网的计算机、多媒体设备。
3. 仿真软件及使用说明。
4. 机械加工手册。
5. 数控编程教材。
6. 笔录工具和储存工具。

学习过程

一、领料

以情景模拟的形式扮演编程员，直接或授权车工从资料室及库房领取相关手册、毛坯料、刀具、检验卡，填写交接记录。

二、程序录入

以情景模拟的形式扮演编程员，分别用下列方法进行程序的录入。

1）在数控车床操作面板上用按键手工录入所编加工程序。

2）在计算机上录入后采用移动存储器输入数控车床。

3）在计算机上录入后采用网络传输方式将程序传输给数控车床。

三、模拟校验

在数控车床上对所录入程序进行模拟校验。

1）设置模拟校验的毛坯尺寸。

2）在自动模式下调整显示方式。

3）在模拟方式下按自动运行键进行校验。

4）对有错误的程序段及时纠正。

四、试加工

可使用仿真软件进行模拟仿真试加工。

在教师的监督下，指导车工试加工。在加工过程中，严格按照数控车床操作规程操作车床。按工序切削工件，并根据切削状态及时停车调整切削用量，保证正常切削；适时检测，分析误差；设置刀具偏置参数，保证精度。记录各工步加工时间，测算成本并填写表 5-18。对刀后填写表 5-19。完成 2 个案例分析。

表 5-18　成本测算表

序　　　号	加工工步	加工时间	成本测算 （设备、能源、辅料按 40 元/工时 标准核算）
合　　计			

表 5-19　对刀表

刀　具	刀具号	X 轴偏置值	Z 轴偏置值	刀尖圆弧半径和刀尖方位号

案例分析 1

如果锥度超差能否修复？如何修复？

案例分析 2

如果在加工过程中出现刀具超程现象，其原因是什么？如何处理？

五、零件的检验（可使用仿真软件模拟企业检验人员对零件进行检验）

在加工完成后，进行自检和组间互检，判断零件是否合格。讨论是否可对所编程序进行优化，以确保所编程序经济、有效、最佳。初学者可使用仿真软件对零件进行模拟测量，以控制尺寸精度，并根据刀具路径估算加工时间。

1. 尺寸检验

检验所完成的零件是否符合尺寸要求，判断是否满足了零件图中的要求并填写表 5-20。

表 5-20　检验报告

序号	位置	公称尺寸	极限偏差	学生检验			教师检验			评分记录
				实际尺寸	符合要求		实际尺寸	符合要求		
					是	否		是	否	

2. 表面质量检验

根据零件的表面质量，填写表 5-21。

表 5-21　表面质量检验表

序　号	检验项目	仪器检验	目视检验
1	零件是否按图样加工		
2	平面的表面状态		
3	去毛刺		

3. 产品交付

根据检验结果，填写表 5-22。

表 5-22　产品交付表

	学生	教师	评分记录
根据检验报告是否可以将该车削件交付客户	是_____ 否_____	是_____ 否_____	

4. 误差分析记录

分析误差产生的原因并提出解决办法。

六、优化程序

对所设计的加工工艺和所编程序进行优化，修改工艺卡和加工程序，确保所编程序经济、有效、最佳。

七、填写工作进度表（表 5-23）

表 5-23　工作进度表

序　号	开始时间	结束时间	工作内容	工作要求	备　注

八、综合评价（表5-24）

表 5-24　综合评价表

学生姓名＿＿＿＿＿＿　　小组名称＿＿＿＿＿＿　　教师＿＿＿＿＿＿　　日期＿＿＿＿＿＿

项　目	自我评价	小组评价	教师评价
检验量具的使用			
尺寸检验			
表面质量检验			
误差分析			
工作态度			
劳动纪律			
工作效率			
总　评			

九、小组讨论

小组讨论，对完成工作的情况进行说明和展示。

提示

小组记录需有记录人、主持人、日期、内容等要素。

学习活动 5.5　工作成果的展示、总结和评价

学习内容

1. 在小组讨论中采用多种形式展示工作成果。
2. 正确规范地撰写总结。分析"固定顶尖"加工中获得的经验和教训。描述通过"固定顶尖"的仿真加工所学到的编程知识与技能。讨论分析"固定顶尖"加工缺陷的形成原因和今后应采取的措施。
3. 准确、清晰地对教师的提问进行答辩。
4. 对自己的学习任务完成质量进行自评并能展开互评；有效地与他人合作，以获取解决问题的途径。

建议课时

4 课时。

学习地点

一体化教室。

学习准备

1. 工作页、书面总结。
2. 课件、接入局域网的计算机、多媒体设备。
4. 仿真加工模型或试件。
5. 展板。
6. 答辩计时器。

学习过程

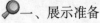一、展示准备

1. 写出工作总结

正确规范地撰写工作总结。

2. 写出成果展示方案

1）填写本零件数控车削程序清单（表 5-25）。

表 5-25　固定顶尖数控车削程序清单

数控系统＿＿＿＿＿＿　　编程者＿＿＿＿＿＿　　组别＿＿＿＿＿＿

程序段号	程序指令	说　明	程序段号	程序指令	说　明
N0010					

2）填写本零件数控车削工艺卡（表 5-26）。

表 5-26　固定顶尖数控车削工艺卡

（单位名称）	数控加工工艺卡片	产品型号		零件图号		固定顶尖	共　页
		产品名称		零件名称			第　页

材料牌号		毛坯种类		毛坯外形尺寸		每毛坯件数		每台件数		备注	

工序	装夹	工步	工序内容	同时加工零件数	切削用量				工艺装备名称及编号			技术等级
					背吃刀量 /mm	切削速度 /(m/min)	主轴转速 /(r/min)	进给量 /(mm/r)	夹具	刀具	量具	工时（单件／准终）

	设计（日期）	校对（日期）	审核（日期）	标准化（日期）	会签（日期）

标记	处数	更改文件号	签字	日期	标记	处数	更改文件号	签字	日期

二、展示与评价

把个人制作好的制件先进行分组展示，再由小组推荐代表做必要的介绍。在展示的过程中，以组为单位进行评价；评价完成后，根据其他组成员对本组的评价意见进行归纳总结。完成如下项目：

1）展示的产品符合技术要求吗？

合格□　　　　不良□　　　　返修□　　　　报废□

2）与其他组相比，你认为本小组的加工工艺：

工艺优化□　　　　工艺合理□　　　　工艺一般□

3）本小组介绍成果表达是否清晰？

很好□　　　　一般，常补充□　　　　不清晰□

4）本小组演示产品检验的操作正确吗？

正确□　　　　部分正确□　　　　不正确□

5）本小组演示操作时遵循了"7S"的工作要求吗？

符合工作要求□　　　　忽略了部分要求□　　　　完全没有遵循□

6）本小组的成员团队创新精神如何？

良好□　　　　一般□　　　　不足□

7）这次任务本小组是否达到学习目标？本小组的建议是什么？你给予本小组的评分是多少？

自评小结：_____

_____

_____

_____

_____

_____

_____

三、教师评价

教师对展示的作品分别做评价。

1）对各组的优点进行点评。

2）对各组的缺点进行点评，并提出改进方法。

3）评价整个任务完成中出现的亮点和不足。

四、总体评价

进行总体评价并填写表5-27～表5-29。

_____

_____

_____

_____

_____

_____

_____

_____

_____

_____

_____

_____

_____

任课教师：_____　　　　　　　_____年_____月_____日

表 5-27　活动过程自评表

组别：_____　姓名：_____　学号：_____　___年___月___日

评价项目及标准		配分	等级评定			
			A	B	C	D
操作技能	(1) 能根据加工任务，制定工作计划	10				
	(2) 能根据图样，识读零件加工信息	10				
	(3) 能预估加工工时并进行成本估算	10				
	(4) 能制定加工工艺，确定切削用量	10				
	(5) 能正确选择工、量、夹具，刀具和辅具	10				
	(6) 能手工编制程序，并进行仿真	10				
	(7) 能对程序输入、校验，指导试加工，通过检验分析样件优化	10				
	(8) 能互相沟通协作，总结展示成果	10				
学习过程	(1) 安全操作情况 (2) 平时实习的出勤情况 (3) 每天练习的完成质量 (4) 每天考核的完成质量	10				
情感态度	(1) 与教师的互动 (2) 工作态度 (3) 组员间的交流、合作	10				
合　计		100				
简要评述						

注：A—优（100%）；B—好（80%）；C——般（60%）；D—有待提高（40%）。

表 5-28　活动过程互评表

被评人姓名：_____　组名：_____　___年___月___日　评价人：_____

	评价项目及标准	配分	等级评定			
			A	B	C	D
操作技能	（1）能根据加工任务，制定工作计划	10				
	（2）能根据图样，识读零件加工信息	10				
	（3）能预估加工工时并进行成本估算	10				
	（4）能制定加工工艺，确定切削用量	10				
	（5）能正确选择工、量、夹具，刀具和辅具	10				
	（6）能手工编制程序，并进行仿真	10				
	（7）能对程序输入、校验，指导试加工，通过检验分析样件	10				
	（8）能互相沟通协作，总结展示成果	10				
学习过程	（1）安全操作情况 （2）平时实习的出勤情况 （3）每天练习的完成质量 （4）每天考核的完成质量	10				
情感态度	（1）与教师的互动 （2）工作态度 （3）组员间的交流、合作	10				
合　计		100				
简要评述						

注：A—优（100%）；B—好（80%）；C——一般（60%）；D—有待提高（40%）。

表 5-29　任务过程教师评价表

组别			姓名		学号		日期	月	日	配分	得分
教师评价	劳保用品	严格按《实习守则》要求穿戴好劳保用品								3	
	平时表现评价	（1）实习期间出勤情况 （2）遵守实习纪律情况 （3）平时技能操作练习情况 （4）每天实训任务的完成质量 （5）实习岗位卫生情况								10	

（续）

组别			姓名		学号		日期　月　日		配分	得分
教师评价	综合专业技能水平	基本知识	(1) 能识读图样和工艺卡，查阅相关资料并计算 (2) 熟悉机械工艺基础知识，掌握零件加工工艺流程 (3) 熟悉数控车床的手工编程和基点计算 (4) 掌握量具的结构、刻线原理及读数方法，并了解量具的维护保养						8	
		操作技能	(1) 识读图样 (2) 熟悉加工工艺流程选择、工艺路线优化 (3) 动手能力强，熟练掌握专业各项操作技能 (4) 善于分析、提高自己的综合实践能力						30	
		工具使用	(1) 工、量、刀具使用正确及懂得维护保养 (2) 熟练操作实习设备和工、量、刀具						5	
	态度评价		(1) 与教师的互动，团队合作 (2) 组员间的交流、合作 (3) 实践动手操作的兴趣、态度、主动积极性						10	
	设备使用		(1) 严格按工、量具的型号、规格摆放整齐，保管好实习工、量具 (2) 严格遵守机床操作规程和安全操作规章制度，维护保养好实习设备						5	
	资源使用		节约实习消耗用品、合理使用材料						3	
	安全文明实习		(1) 遵守实习场所纪律，听从实习指导教师指挥 (2) 掌握安全操作规程和消防安全知识 (3) 严格遵守安全操作规程、实训中心的各项规章制度和实习纪律 (4) 按国家有关法规，发生重大事故者，取消实习资格，并且实习成绩为零分						10	
自评	综合评价		(1) 组织纪律性，遵守实习场所纪律及有关规定情况 (2) 劳动习惯及实习工位环境情况 (3) 实习中个人的发展和进步情况 (4) 专业知识与专业操作技能的掌握情况						8	
互评	综合评价		(1) 组织纪律性，遵守实习场所纪律及有关规定情况 (2) 劳动习惯及实习工位环境情况 (3) 实习中个人的发展和进步情况 (4) 专业知识与专业操作技能的掌握情况						8	
合　计									100	
建议										

学习任务 6 螺纹传动轴数控车削手工编程

任务描述

某单位获得一批螺纹传动轴零件的加工任务，共 30 件，工期为 3 天。生产管理部门同技术人员与客户协商制定了合同中技术要求的附加条款。生产管理部门向车间下达加工该零件的任务单，工期为 3 天，任务完成后提交成品件及检验报告。车间管理部门将接收的该零件的任务单下达技术科，要求编程员制定加工工艺并提供手工编制的数控车削加工程序，经试加工后，将程序和样品提交车间，供数控车床操作工加工使用。

学习目标

1. 能根据加工任务，讨论并制订合理的工作计划，组织有关人员协同作业。

2. 能识读任务单、装配图、零件图和工艺卡，查阅螺纹相关资料，包括螺纹种类、参数，外螺纹圆柱体直径的确定方法，内螺纹底孔直径的确定方法。明确加工技术要求，并划分加工工步，确定螺纹加工切削用量。

3. 能根据现场加工条件，查阅相关资料，确定符合加工技术要求的毛坯、工具、量具、夹具、刀具、辅具及切削液。

4. 能参考编程手册，根据工艺文件、图样等技术文件，选择合理的数控加工工艺和刀具路径。

5. 能根据螺纹参数计算公式，计算图样中与螺纹相关的基点坐标，选用适当、有效的螺纹加工编程指令，完成零件的数控车削加工程序的编制，并熟练使用仿真软件各项功能进行数控车床操作，完成螺纹传动轴零件的模拟加工。

6. 能将所编程序输入数控车床并进行模拟校验，对错误程序段及时修改，以验证程序的正确性、完整性。

7. 能指导车工，在加工过程中严格按照数控车床操作规程操作。按工步切削工件；根据切削状态调整切削用量，保证正常切削；适时检测，保证精度。

8. 能在加工完成后进行自检，判断零件是否合格，并考虑是否可对所编程序进行优化，以确保所编程序经济、有效、最佳。

9. 能主动获取有效信息，展示工作成果，对学习与工作进行总结反思；能与他人合作，有效沟通。

建议课时

18 课时。

任务流程与活动

➡学习活动 6.1：信息查找与处理（2 课时）。

⬥学习活动 6.2：工艺分析（2 课时）。

⬥学习活动 6.3：采用不同的数控系统进行手工编程（8 课时）。

⬥学习活动 6.4：加工程序检验（2 课时）。

⬥学习任务 6.5：工作成果的展示、总结和评价（4 课时）。

学习活动 6.1　信息查找与处理

学习内容

1. 向下达任务的部门咨询此零件的用途、批量、关键技术要求，了解毛坯的特点及其对加工的限制等加工信息。

2. 向此零件加工所涉及的车间咨询有关设备的加工能力、特点等信息。

3. 在资料室或图书馆查询相似零件的加工工艺和加工程序，供编程参考。

4. 讨论、总结编程步骤，制订本学习任务的工作计划。

建议课时

2 课时。

学习地点

一体化教室。

学习准备

1. 工作页。

2. 各种数控系统编程手册。

3. 仿真软件、接入局域网的计算机、多媒体设备。

4. 编程教学动画。

5. 机械加工手册。

6. 数控编程教材。

7. 绘图、计算工具。

学习过程

🔍 一、小组分工

根据抽签分组，选举或指定组长，根据小组成员的特点进行分工并填写表 6-1。参考编程操作步骤制订本学习任务的工作计划并填写表 6-2。

表6-1 小组成员分工表

成员姓名	职 务	成员特点	小组中的分工任务	备 注
…				

表6-2 工作计划表

序 号	开始时间	结束时间	工作内容	工作要求	执行人

二、咨询加工信息

1）向下达任务的部门咨询该零件的用途、批量、关键技术要求，了解毛坯的特点及其对加工的限制等加工信息。

2）向螺纹传动轴零件加工所涉及的车间咨询，核实有关设备的加工能力、特点等信息。

3）在资料室或图书馆查询相似零件的加工工艺和加工程序，供编程参考。

4）叙述螺纹的主要用途。列举螺纹的种类。

①说出螺纹的主要用途。

> 螺纹的用途非常广泛，从飞机、汽车到我们日常生活中所使用的水管、煤气管等都大量地使用螺纹。多数螺纹起着紧固联接的作用，其次是用来做力和运动的传递。

②列出螺纹的种类。

③解释 M36×1.5 的含义。

④说出 M36 螺纹的几何尺寸是多少。（可参照粗牙螺纹的螺距表）

5）列举螺纹车刀的分类、几何角度，说明螺纹车刀的选择方法。

6）说明仿形车刀的特点和使用场合。

三、确定手工编程步骤

采用网上查阅、阅读参考书、查阅数控车削编程手册、观看编程指令的教学动画等手段，研究手工编程有关知识和步骤，填写表6-3。

表6-3 手工编程步骤

序 号	内 容	注意事项

四、总结仿真软件编程步骤

总结仿真软件编程步骤并填写表6-4。

表6-4 仿真软件编程步骤

序 号	内 容	注意事项

（续）

序　号	内　　容	注意事项

五、分析加工难点

查阅机械加工手册，解读零件图要求，分析加工重点和难点并填写表 6-5。

表 6-5　零件图分析表

序　号	重　　点	难　　点

六、讨论、总结、考评（表 6-6）

表 6-6　综合评价表

学生姓名_____　小组名称_____　教师_____　日期_____

项　　目	自我评价	小组评价	教师评价
信息收集能力			
交流、协作能力			
编程手册认知能力			
分析、总结能力			
工作页质量			
工作态度			
劳动纪律			
总评			

七、小组讨论

小组讨论，对完成工作的情况进行说明和展示。

学习活动6.2　工 艺 分 析

学习内容

1. 根据学习活动6.1所掌握的技能，阅读生产任务单，识读零件图，进行成本分析，确定加工毛坯的材料、尺寸和类型。

2. 通过讨论、分析，确定本零件的加工工序、加工基准、加工部位和刀具路径，估算工时，填写工艺卡。

3. 通过讨论、分析，选择工件的装夹方法和夹具。

4. 通过讨论、分析，确定本零件数控加工的对刀点和换刀点。

建议课时

2课时。

学习地点

一体化教室。

学习准备

1. 机械加工手册。

2. 数控编程教材。

3. 金属加工工艺教材。

4. 绘图、计算工具。

5. 工作页、生产任务单、零件图。

学习过程

一、分析加工工艺

根据学习活动6.1所掌握的技能，对生产任务单（表6-7）、零件图进行识读、讨论和分析，明确该零件的用途、分类及加工要求，根据成本确定毛坯的材料、尺寸和类型。螺纹传动轴的零件图如图6-1所示。

表6-7　生产任务单

单位(需方)名称		×××企业		完成日期	×年×月×日
序　　号	产品名称	材　　料	数　　量	技术标准、质量要求	
1	螺纹传动轴	45	30件	按图样要求	

（续）

单位(需方)名称		×××企业		完成日期	×年×月×日	
序　号	产品名称	材　料	数　量	技术标准、质量要求		
生产批准时间		年　月　日	批准人			
通知任务时间		年　月　日	发单人			
接单时间		年　月　日	接单人		生产班组	车工组

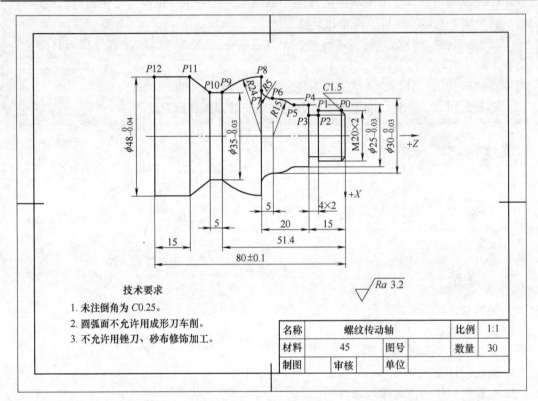

技术要求

1. 未注倒角为 C0.25。
2. 圆弧面不允许成形刀车削。
3. 不允许用锉刀、砂布修饰加工。

名称	螺纹传动轴		比例	1:1
材料	45	图号	数量	30
制图		审核	单位	

图 6-1　螺纹传动轴零件图

1）在生产和生活中什么场合能见到螺纹传动轴？它们有哪些用途和类别？

2）加工本零件所需的毛坯有什么特点？画出毛坯图。

二、确定加工工艺

讨论、分析，确定本零件的加工工艺（加工工序、加工基准、加工部位和刀具路径等），估算加工时间。

1）叙述数控加工工艺分析的原则和步骤。

2）说明本零件的加工工序。

3）在图样上标示加工基准、加工部位和刀具路径，估计各工步的加工时间。

三、确定装夹方法及夹具

讨论、分析，确定本工件的装夹方法和夹具。

四、确定加工中的各基点

讨论、分析，确定本零件数控加工的对刀点和换刀点等基点，并在零件图上标出。

五、确定所用刀具、量具

讨论、分析，确定加工本零件所需刀具、量具，并填写表 6-8 和表 6-9。

表6-8 刀具清单

刀 号	刀具种类	刀具规格	数 量	刀尖圆弧半径	刀尖方位号	对应加工部位

表6-9 工具、量具、辅具清单

名 称	数 量	用 途	备 注
...			

🔍六、填写加工参数表

根据教材和机械加工手册，讨论、分析，确定工艺参数并填写表6-10。

表6-10 螺纹传动轴数控车削工艺参数

序 号	加工内容	刀具号	背吃刀量 /mm	进给量 /(mm/r)	主轴转速 /(r/min)	备 注

（续）

序　号	加工内容	刀具号	背吃刀量 /mm	进给量 /（mm/r）	主轴转速 /（r/min）	备　注

七、填写工艺卡

填写本零件数控车削工艺卡（表6-11）。

表6-11　螺纹传动轴数控车削工艺卡

（单位名称）		数控车削工艺卡		产品名称			图号			
				零件名称		螺纹传动轴	数量		30	共1页
材料种类		优质碳素结构钢	牌号		45	毛坯尺寸				第1页

工序号	装夹	工步	工序内容	切削用量			车间	设备	夹具	量具	刀具	计划工时	实际工时
				背吃刀量 /mm	主轴转速 /（r/min）	进给量 /（mm/r）							
			检验				检验室						
更改号							拟定	校正		审核		批准	
更改者													
日期													

八、汇总与评价（表6-12、表6-13）

表 6-12　小组活动记录汇总表

记录人＿＿＿＿＿＿　　主持人＿＿＿＿＿＿　　日期＿＿＿＿＿＿

序　号	工作时段	工作内容	工作要求	完成质量	备　注

表 6-13　综合评价表

学生姓名＿＿＿＿＿＿　　小组名称＿＿＿＿＿＿　　教师＿＿＿＿＿＿　　日期＿＿＿＿＿＿

项　　目	自我评价	小组评价	教师评价
编程手册认知能力			
分析、总结能力			
交流、协作能力			
工作页质量			
工作态度			
劳动纪律			
总评			

九、小组讨论

小组讨论，对完成工作的情况进行说明和展示。

提示

小组记录需有记录人、主持人、日期、内容等要素。

学习活动6.3　采用不同的数控系统进行手工编程

学习内容

1. 根据对刀点、换刀点，确定编程原点及工件坐标系，按照刀具路径计算零件图中各基点坐标。

2. 按照编程格式确定加工程序文件名和程序开始名。

3. 按照不同数控系统的编程规则及零件的加工工步、刀具路径和工艺参数，模拟零件的加工。可利用模拟编程软件，用指令编写程序控制车床运动。

4. 组内讨论、分析，纠正、优化加工程序。

建议课时

8课时。

学习地点

一体化教室。

学习准备

1. 数控编程教材。

2. 不同数控系统编程手册。

3. 绘图、计算工具。

4. 工作页。

学习过程

一、计算基点坐标

根据对刀点、换刀点，确定编程原点及工件坐标系，按照刀具路径计算零件图中各基点坐标。

1. 标出各基点

在零件图上标出编程原点、坐标系和各基点名称。

2. 计算各基点坐标的公称值

计算零件图中各基点坐标的公称值并填写表6-14。

表 6-14　基点坐标公称值

基点名称	P_0	P_1	P_2	P_3	P_4	P_5	P_6	P_7	P_8	P_9	P_{10}	P_{11}	P_{12}
X													
Z													

3. 计算各基点坐标的公差带中间值

叙述具有公差的编程尺寸计算方法，计算各基点坐标公差带中间值的坐标值并填写表 6-15。

表 6-15　基点公差带中间值坐标

基点名称	P_0	P_1	P_2	P_3	P_4	P_5	P_6	P_7	P_8	P_9	P_{10}	P_{11}	P_{12}
X													
Z													

4. 螺纹切削的相关尺寸计算

1）螺纹牙高。

2）螺纹小径。

3）螺纹中径。

4）螺纹切削的进给次数与背吃刀量。

5. 计算螺纹实际顶径

影响螺纹加工精度的因素很多，其中一个主要因素是：在螺纹切削时，刀具挤压使得最后加工出来的顶径塑性膨胀，从而影响螺纹的装配和使用。所以外螺纹车削前的螺纹轴直径（即螺纹实际顶径）要比螺纹公称直径小 $0.13P$，以保证车削后的螺纹牙顶处有 $0.125P$ 的宽度（P 为螺距）。试计算该任务螺纹轴的螺纹实际顶径。

🔍 二、选择编程指令

按照编程格式，选择正确的编程指令，编写加工程序。

1）说明复合循环指令与固定循环指令相比，其优缺点和适用场合。

2）叙述不同数控系统中常用循环指令 G71、G70、G73、G76、G92 等的格式、功能及使用注意事项。

3）按照编程格式确定加工程序文件名和程序开始名。

三、编写加工程序

按照不同数控系统的编程规则及零件的加工工步、刀具路径和工艺参数，模拟零件的加工。可利用模拟编程软件，用循环加工指令编写加工本零件的程序。用指令代替手工操作，以控制车床运动，并填写表6-16。

表6-16　螺纹传动轴数控车削手工编程程序清单

数控系统_____　　编程者_____组别_____

程序段号	程序指令	说　明	备　注
	O＿＿＿＿	程序开始名	
N0010			
N0020			
N0030			
N0040			
N0050			
N0060			
N0070			
N0080			

（续）

程序段号	程序指令	说　明	备　注
	M05 M09；	停止机床加工	
	M30；	结束程序返回加工程序起点	

思考问题1：为什么螺纹从粗加工到精加工，主轴的转速必须保持一致？

思考问题2：在螺纹加工中，能否使用恒定线速度控制功能？

思考问题3：请说出1.5mm、2mm和2.5mm螺距在加工中的进给次数与背吃刀量。

思考问题4：请说出加工多线螺纹时应如何编程。

思考问题5：请说出在螺纹传动轴仿真加工中存在什么不足，是什么原因导致的，下次如何避免。

四、讨论、分析

组内讨论、分析，纠正、优化加工程序并填写表6-17。

表6-17 综合评价表

学生姓名＿＿＿＿＿＿＿ 小组名称＿＿＿＿＿＿＿ 教师 ＿＿＿＿＿＿＿日期

项　　目	自我评价	小组评价	教师评价
编程手册认知能力			
分析、总结能力			
交流、协作能力			
工作页质量			
工作态度			
劳动纪律			
总评			

五、小组讨论

小组讨论，对完成工作的情况进行说明和展示。

提示

小组记录需有记录人、主持人、日期、内容等要素。

学习活动 6.4　加工程序检验

学习内容

1. 以情景模拟的形式扮演编程员，直接或授权车工从资料室及库房领取相关手册、毛坯料、刀具、检验卡，填写交接记录。

2. 以情景模拟的形式扮演编程员，分组进行程序的手工录入。程序录入后采用移动存储器输入或采用网络传输，之后进行模拟校验，如程序有错误，及时纠正。

3. 在教师的监督下指导车工试加工（学生用仿真软件进行模拟加工）。在加工过程中，严格按照数控车床操作规程操作车床。按工序切削工件，并根据切削状态及时停车调整切削用量，保证正常切削；适时检测，分析误差；设置刀具偏置参数，保证精度。记录各工步加工时间。

4. 在加工完成后，进行自检和组间互检，判断零件是否合格。讨论是否可对所编程序进行优化，以确保所编程序经济、有效、最佳。

建议课时

2 课时。

学习地点

仿真实验室、数控车间。

学习准备

1. 工作页。
2. 接入局域网的计算机、多媒体设备。
3. 仿真软件及使用说明。
4. 机械加工手册。
5. 数控编程教材。
6. 笔录工具和储存工具。

学习过程

一、领料

以情景模拟的形式扮演编程员，直接或授权车工从资料室及库房领取相关手册、毛坯料、刀具、检验卡，填写交接记录。

二、程序录入

以情景模拟的形式扮演编程员，分别用下列方法进行程序的录入。

1）在数控车床操作面板上用按键手工录入所编加工程序。

2）在计算机上录入后采用移动存储器输入数控车床。

3）在计算机上录入后采用网络传输方式将程序传输给数控车床。

三、模拟校验

在数控车床上对所录入程序进行模拟校验（可使用仿真软件）。

1）设置模拟校验的毛坯尺寸。

2）在自动模式下调整显示方式。

3）在模拟方式下按自动运行键进行校验。

4）对有错误的程序段及时纠正。

四、试加工

在教师的监督下，指导车工试加工。在加工过程中，严格按照数控车床操作规程操作车床。按工序切削工件，并根据切削状态及时停车调整切削用量，保证正常切削；适时检测，分析误差；设置刀具偏置参数，保证精度。记录各工步加工时间，测算成本并填写表 6-18。对刀后填写表 6-19。

表 6-18 成本测算表

序　　号	加工工步	加工时间	成本测算 （设备、能源、辅料按 40 元/工时标准核算）
合计			

表 6-19 对　刀　表

刀　　具	刀具号	X 轴偏置值	Z 轴偏置值	刀尖圆弧半径和刀尖方位号

五、零件的检验（模拟企业检验人员对零件进行检验）

在加工完成后，进行自检和组间互检，判断零件是否合格。讨论是否可对所编程序进行优化，以确保所编程序经济、有效、最佳。初学者可使用仿真软件对零件进行模拟测量，以控制尺寸精度，并根据刀具路径估算加工时间。

1. 尺寸检验

检验所完成的零件是否符合尺寸要求，判断是否满足零件图中的要求并填写表 6-20。

表6-20　检　验　报　告

序号	位置	公称尺寸	极限偏差	学生检验			教师检验			评分记录
				实际尺寸	符合要求		实际尺寸	符合要求		
					是	否		是	否	

2. 表面质量检验

根据零件的表面质量，填写表6-21。

表6-21　表面质量检验表

序　　号	检验项目	仪器检验	目视检验
1	零件是否按图样加工		
2	平面的表面状态		
3	去毛刺		

3. 产品交付

根据检验结果，填写表6-22。

表6-22　产品交付表

	学生	教师	评分记录
根据检验报告是否可以将该车削件交付客户	是____	是____	
	否____	否____	

4. 误差分析记录

分析误差产生原因并提出解决办法。

六、优化程序

对所设计的加工工艺和所编程序进行优化，修改工艺卡和加工程序，确保所编程序经济、有效、最佳。

七、填写工作进度表（表6-23）

表 6-23　工作进度表

序　号	开始时间	结束时间	工作内容	工作要求	备　注

八、综合评价（表6-24）

表 6-24　综合评价表

学生姓名＿＿＿＿＿＿　小组名称＿＿＿＿＿＿　教师＿＿＿＿＿＿　日期＿＿＿＿＿＿

项　目	自我评价	小组评价	教师评价
检验量具的使用			
尺寸检验			
表面质量检验			
误差分析			
工作态度			
劳动纪律			
工作效率			
总评			

九、小组讨论

小组讨论，对完成工作的情况进行说明和展示。

提示

小组记录需有记录人、主持人、日期、内容等要素。

学习活动 6.5　工作成果的展示、总结和评价

学习内容

1. 在小组讨论中采用多种形式展示工作成果。
2. 正确规范地撰写总结。分析"螺纹传动轴"加工中获得的经验和教训。描述通过"螺纹传动轴"的仿真加工所学到的编程知识与技能。讨论分析"螺纹传动轴"加工缺陷的形成原因和今后应采取的措施。
3. 准确、清晰地对教师的提问进行答辩。
4. 对自己学习任务的完成质量进行自评并能展开互评；有效地与他人合作，以获取解决问题的途径。

建议课时

4 课题。

学习地点

一体化教室。

学习准备

1. 工作页。
2. 课件。
3. 接入局域网的计算机、多媒体设备。
4. 书面总结。
5. 仿真加工模型或试件。
6. 展板。
7. 答辩计时器。

学习过程

一、展示准备

1. 写出工作总结

正确规范地撰写工作总结。

2. 写出成果展示方案

1）填写本零件数控车削程序清单（表6-25）。

表6-25　螺纹传动轴数控车削程序清单

数控系统＿＿＿＿＿＿＿＿　　编程者＿＿＿＿＿＿＿＿　　组别＿＿＿＿＿＿＿＿

程序段号	程序指令	说　明	程序段号	程序指令	说　明
N0010					

2）填写本零件数控车削工艺卡（表6-26）。

表 6-26 螺纹传动轴数控车削工艺卡

（单位名称）	数控加工工艺卡片		产品型号		零件图号		共　页
			产品名称	螺纹传动轴	零件名称		第　页
材料牌号	45	毛坯种类	毛坯外形尺寸	每毛坯件数	每台件数	备注	
工序	装夹	工步	工序内容	同时加工零件数			工时
				切削用量			工艺装备名称及编号
				背吃刀量 /mm	切削速度 /(m/min)	主轴转速 /(r/min)	进给量 /(mm/r)
							夹具	刀具	量具
										技术等级
				设计（日期）	校对（日期）	审核（日期）	标准化（日期）	会签（日期）
标记 处数 更改文件号 签字 日期		标记 处数 更改文件号 签字 日期					

二、展示与评价

把个人制作好的制件先进行分组展示，再由小组推荐代表做必要的介绍。在展示的过程中，以组为单位进行评价；评价完成后，根据其他组成员对本组的评价意见进行归纳总结。完成如下项目：

1）展示的产品符合技术要求吗？

合格□　　　不良□　　　返修□　　　报废□

2）与其他组相比，你认为本小组的加工工艺：

工艺优化□　　　工艺合理□　　　工艺一般□

3）本小组介绍成果表达是否清晰？

很好□　　　一般，常补充□　　　不清晰□

4）本小组演示产品检验的操作正确吗？

正确□　　　部分正确□　　　不正确□

5）本小组演示操作时遵循了"7S"的工作要求吗？

符合工作要求□　　　忽略了部分要求□　　　完全没有遵循□

6）本小组的成员团队创新精神如何？

良好□　　　一般□　　　不足□

7）这次任务本小组是否达到学习目标？本小组的建议是什么？你给予本小组的评分是多少？

自评小结：_____

_____

_____

_____

_____

三、教师评价

教师对展示的作品分别做评价。

1）对各组的优点进行点评。

2）对各组的缺点进行点评，并提出改进方法。

3）评价整个任务完成中出现的亮点和不足。

四、总体评价

进行总体评价并填写表6-27～表6-29。

_____

_____

_____

_____

_____

_____

_____

_____

_____

_____

_____

_____

任课教师：_____　　　　　_____年_____月_____日

表6-27　活动过程自评表

组别：_____　姓名：_____　学号：_____　___年___月___日

评价项目及标准		配分	等级评定			
			A	B	C	D
操作技能	（1）根据加工任务，制定工作计划	10				
	（2）能根据图样，识读零件加工信息	10				
	（3）能预估加工工时并进行成本估算	10				
	（4）能制定加工工艺，确定切削用量	10				
	（5）能正确选择工、量、夹具，刀具和辅具	10				
	（6）能手工编制程序，并进行仿真	10				
	（7）能对程序输入、校验，指导试加工，通过检验分析样件优化	10				
	（8）能互相沟通协作，总结展示成果	10				
学习过程	（1）安全操作情况 （2）平时实习的出勤情况 （3）每天练习的完成质量 （4）每天考核的完成质量	10				
情感态度	（1）与教师的互动 （2）工作态度 （3）组员间的交流、合作	10				
合　计		100				
简要评述						

注：A—优（100%）；B—好（80%）；C——般（60%）；D—有待提高（40%）。

表 6-28　活动过程互评表

被评人姓名：_____　组名：_____　____年___月___日　评价人：_____

评价项目及标准		配分	等级评定			
			A	B	C	D
操作技能	（1）能根据加工任务，制定工作计划	10				
	（2）能根据图样，识读零件加工信息	10				
	（3）能预估加工工时并进行成本估算	10				
	（4）能制定加工工艺，确定切削用量	10				
	（5）能正确选择工、量、夹具，刀具和辅具	10				
	（6）能手工编制程序，并进行仿真	10				
	（7）能对程序输入、校验，指导试加工，通过检验分析样件的加工质量	10				
	（8）能互相沟通协作，总结展示成果	10				
学习过程	（1）安全操作情况 （2）平时实习的出勤情况 （3）每天练习的完成质量 （4）每天考核的完成质量	10				
情感态度	（1）与教师的互动 （2）工作态度 （3）组员间的交流、合作	10				
合　计		100				
简要评述						

注：A—优（100%）；B—好（80%）；C——般（60%）；D—有待提高（40%）。

表 6-29　任务过程教师评价表

组别		姓名		学号		日期	月　日	配分	得分
教师评价	劳保用品	严格按《实习守则》要求穿戴好劳保用品						3	
	平时表现评价	（1）实习期间出勤情况 （2）遵守实习纪律情况 （3）平时技能操作练习情况 （4）每天实训任务的完成质量 （5）实习岗位卫生情况						10	

（续）

组别			姓名		学号		日期	月 日	配分	得分
教师评价	综合专业技能水平	基本知识	（1）能识读图样和工艺卡，查阅相关资料并计算 （2）熟悉机械工艺基础知识，掌握零件加工工艺流程 （3）熟悉数控车床的手工编程，基点计算 （4）掌握量具的结构、刻线原理及读数方法，并了解量具的维护保养						8	
		操作技能	（1）识读图样 （2）熟悉加工工艺流程选择、工艺路线优化 （3）动手能力强，熟练掌握专业各项操作技能 （4）善于分析、提高自己的综合实践能力						30	
		工具使用	（1）工、量、刀具使用正确及懂得维护保养 （2）熟练操作实习设备和正确使用工、量、刀具						5	
	态度评价		（1）与教师的互动，团队合作 （2）组员间的交流、合作 （3）实践动手操作的兴趣、态度、主动积极性						10	
	设备使用		（1）严格按工、量具的型号、规格摆放整齐，保管好实习工、量具 （2）严格遵守机床操作规程和安全操作规章制度，维护保养好实习设备						5	
	资源使用		节约实习消耗用品、合理使用材料						3	
	安全文明实习		（1）遵守实习场所纪律，听从实习指导教师指挥 （2）掌握安全操作规程和消防安全知识 （3）严格遵守安全操作规程、实训中心的各项规章制度和实习纪律 （4）按国家有关法规，发生重大事故者，取消实习资格，并且实习成绩为零分						10	
自评	综合评价		（1）组织纪律性，遵守实习场所纪律及有关规定情况 （2）劳动习惯及实习工位环境情况 （3）实习中个人的发展和进步情况 （4）专业知识与专业操作技能的掌握情况						8	
互评	综合评价		（1）组织纪律性，遵守实习场所纪律及有关规定情况 （2）劳动习惯及实习工位环境情况 （3）实习中个人的发展和进步情况 （4）专业知识与专业操作技能的掌握情况						8	
合　计									100	
建议										

学习任务7　轴套零件数控车削手工编程

任务描述

　　某单位获得一批轴套零件的加工任务，共30件，工期为3天。生产管理部门同技术人员与客户协商制定了合同中技术要求的附加条款。生产管理部门向车间下达加工该零件的任务单，工期为3天，任务完成后提交成品件及检验报告。车间管理部门将接收的该零件的任务单下达技术科，要求编程员制定加工工艺并提供手工编制的数控车削加工程序，经试加工后，将程序和样品提交车间，供数控车床操作工加工使用。

学习目标

　　1. 能根据加工任务，讨论并制订合理的工作计划，组织有关人员协同作业。

　　2. 能独立识读任务单、装配图、零件图和工艺卡，查阅包括子程序、孔的数控车削加工工艺等相关资料。明确加工技术要求，并划分加工工步，确定切削用量。

　　3. 能根据现场加工条件，查阅相关资料，确定符合加工技术要求的毛坯、工具、量具、夹具、刀具、辅具及切削液。

　　4. 能参考编程手册，根据工艺文件、图样等技术文件，选择合理的数控加工工艺和刀具路径；能估算工时，计算切削时间。

　　5. 能熟练计算图样中相关的基点坐标，选用适当、有效的包括子程序在内的加工编程指令，完成零件的数控车削加工程序的编制，并熟练使用仿真软件各项功能进行数控车床操作，完成轴套零件的模拟加工。

　　6. 能将所编程序输入数控车床并进行模拟校验，对错误程序段及时修改，以验证程序的正确性、完整性。

　　7. 能指导车工，在加工过程中严格按照数控车床操作规程操作。按工步切削工件；根据切削状态调整切削用量，保证正常切削；适时检测，保证精度。最终完成加工样件。

　　8. 能在加工完成后对样件进行自检，判断零件是否合格，并考虑是否可对所编程序进行优化，以确保所编程序经济、有效、最佳。

　　9. 能主动获取有效信息，展示工作成果，对学习与工作进行总结反思；能与他人合作，有效沟通。

建议课时

　　18课时。

任务流程与活动

　　➡学习活动7.1：信息查找与处理（2课时）。
　　➡学习活动7.2：工艺分析（2课时）。

➕学习活动 7.3：采用不同的数控系统进行手工编程（8 课时）。

➕学习活动 7.4：加工程序检验（2 课时）。

➕学习任务 7.5：工作成果的展示、总结和评价（4 课时）。

学习活动 7.1　信息查找与处理

学习内容

1. 向下达任务的部门咨询该零件的用途、批量、关键技术要求，了解毛坯的特点及其对加工的限制等加工信息。

2. 向此零件加工所涉及的车间咨询有关设备的加工能力、特点等信息。

3. 在资料室或图书馆查询相似零件的加工工艺和加工程序，供编程参考。

4. 讨论、总结编程步骤，制订本学习任务的工作计划。

建议课时

2 课时。

学习地点

一体化教室。

学习准备

1. 工作页。

2. 各种数控系统编程手册。

3. 接入局域网的计算机、多媒体设备。

4. 仿真软件。

5. 编程教学动画。

6. 机械加工手册。

7. 数控编程教材。

8. 绘图、计算工具。

学习过程

🔍一、小组分工

根据抽签分组，选举或指定组长，根据小组成员的特点进行分工并填写表 7-1。参考编程操作步骤制订本学习任务的工作计划并填写表 7-2。

表 7-1　小组成员分工表

成员姓名	职　务	成员特点	小组中的分工任务	备　注
…				

表 7-2　工作计划表

序　号	开始时间	结束时间	工作内容	工作要求	执行人

二、咨询加工信息

1）向下达任务的部门咨询该零件的用途、批量、关键技术要求及毛坯的特点及其对加工的限制等加工信息。

2）向轴套零件加工所涉及的车间咨询，核实有关设备的加工能力、特点等信息。

3）在资料室或图书馆查询相似零件的加工工艺和加工程序，供编程参考。

4）说明内孔车刀（图7-1）的主要种类、使用特点和使用场合。

图 7-1　内孔车刀

5）说出以下两种几何公差（同轴度、垂直度）在轴套零件图中的具体含义。说明数控加工时如何保障这两种几何公差。

$$\boxed{◎ \mid \phi 0.03 \mid A} \qquad \boxed{\perp \mid 0.02 \mid A}$$

6）加工内孔比加工外圆难度大。加工内孔时应注意什么问题？

7）薄壁套和深孔的加工，在装夹、刀具、工艺参数等方面有什么特点？请归纳总结。

三、确定手工编程步骤

采用网上查阅、阅读参考书、查阅数控车削编程手册、观看编程指令的教学动画等手段，研究手工编程有关知识和步骤，填写表7-3。

表7-3　手工编程步骤

序　号	内　容	注意事项

四、总结仿真软件编程步骤

总结仿真软件编程步骤并填写表7-4。

表7-4　仿真软件编程步骤

序　号	内　容	注意事项

五、分析加工重、难点

查阅机械加工手册，解读零件图要求，分析加工重点和难点并填写表7-5。

表 7-5　零件图分析表

序　号	重　点	难　点

六、讨论、总结、考评（表 7-6）

表 7-6　综合评价表

学生姓名＿＿＿＿＿＿＿　小组名称＿＿＿＿＿＿＿　教师＿＿＿＿＿＿＿　日期＿＿＿＿＿＿＿

项　目	自我评价	小组评价	教师评价
信息收集能力			
交流、协作能力			
编程手册认知能力			
分析、总结能力			
工作页质量			
工作态度			
劳动纪律			
总评			

七、小组讨论

小组讨论，对完成工作的情况进行说明和展示。

学习活动7.2　工 艺 分 析

学习内容

　　1. 根据学习活动7.1所掌握的技能，阅读生产任务单，识读零件图，进行成本分析，确定毛坯材料、尺寸和类型。
　　2. 通过讨论、分析，确定本零件的加工工序、加工基准、加工部位和刀具路径，估算工时，填写工艺卡。
　　3. 通过讨论、分析，选择工件的装夹方法和夹具。
　　4. 通过讨论、分析，确定本零件数控加工的对刀点和换刀点。

建议课时

2课时。

学习地点

一体化教室。

学习准备

1. 机械加工手册。
2. 数控编程教材。
3. 金属加工工艺教材。
4. 绘图、计算工具。
5. 工作页、生产任务单、图样。

学习过程

一、分析加工工艺

　　根据学习活动7.1所掌握的技能，对生产任务单（表7-7）、零件图进行识读、讨论和分析，明确该零件的用途、分类及加工要求，根据成本确定毛坯的材料、尺寸和类型。轴套的零件图如图7-2所示。

表7-7　生产任务单

单位(需方)名称		×××企业		完成日期	×年×月×日
序　号	产品名称	材　料	数　量	技术标准、质量要求	
1	轴套零件	45	30件	按图样要求	

（续）

单位(需方)名称	×××企业		完成日期	×年×月×日	
生产批准时间	年 月 日	批准人			
通知任务时间	年 月 日	发单人			
接单时间	年 月 日	接单人		生产班组	车工组

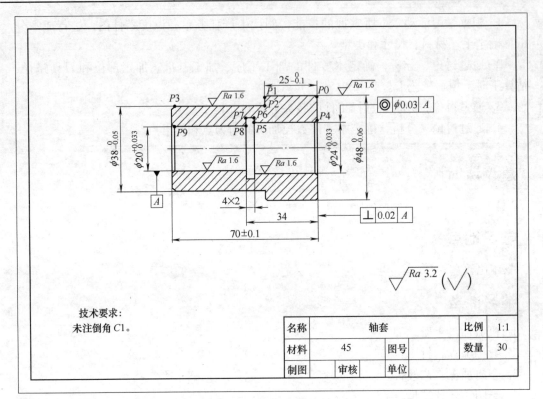

技术要求：
未注倒角 $C1$。

名称	轴套		比例	1:1
材料	45	图号	数量	30
制图	审核	单位		

图 7-2　轴套的零件图

1）在生产和生活中什么场合能见到轴套零件？它们有哪些用途和类别？

2）加工本零件所需的毛坯有什么特点？画出毛坯图。

3）叙述轴套类零件的加工工艺特点。

二、确定加工工艺

讨论、分析，确定本零件的加工工艺（加工工序、加工基准、加工部位和刀具路径），估算加工时间。

1）叙述数控加工工艺分析的原则和步骤。

2）说明本零件的加工工序。

3）在图样上标示加工基准、加工部位和刀具路径，估计各工步的加工时间。

三、确定装夹方法及夹具

讨论、分析，确定本工件的装夹方法和夹具。

四、确定加工中的各基点

　　讨论、分析，确定本零件数控加工的对刀点和换刀点等基点，并在零件图上标出。

五、确定所用刀具、量具

　　讨论、分析，确定加工本零件所需刀具、量具，并填写表7-8和表7-9。

表7-8　刀具清单

刀　　号	刀具种类	刀具规格	数　　量	刀尖圆弧半径	刀尖方位号	对应加工部位

表7-9　工具、量具、辅具清单

名　　称	数　　量	用　　途	备　　注

（续）

名　称	数　量	用　途	备　注

六、填写加工参数表

根据教材和机械加工手册，讨论、分析，确定工艺参数并填写表7-10。

表7-10　轴套零件数控车削工艺参数

序　号	加工内容	刀具号	背吃刀量 /mm	进给量 /(mm/r)	主轴转速 /(r/min)	备　注
…						

七、填写工艺卡

填写本零件数控车削工艺卡（表7-11）。

表7-11　轴套零件数控车削工艺卡

（单位名称）		数控车削工艺卡	产品名称		图号				
			零件名称	轴套零件	数量	30		共1页	
材料种类	优质碳素结构钢	牌号	45	毛坯尺寸				第1页	
工序号	装夹	工步	工序内容	切削用量			车间	设备	夹具	量具	刀具	计划工时	实际工时

工序号	装夹	工步	工序内容	背吃刀量 /mm	主轴转速 /(r/min)	进给量 /(mm/r)	车间	设备	夹具	量具	刀具	计划工时	实际工时

（续）

（单位名称）	数控车削工艺卡	产品名称		图号				共1页
		零件名称	轴套零件	数量	30			

| 材料种类 | 优质碳素结构钢 | 牌号 | 45 | 毛坯尺寸 | | | | 第1页 |

工序号	装夹	工步	工序内容	切削用量			车间	设备	夹具	量具	刃具	计划工时	实际工时
				背吃刀量 /mm	主轴转速 /(r/min)	进给量 /(mm/r)							
			检验			检验室							
更改号							拟定	校正	审核		批准	
更改者												
日期												

八、汇总与评价（表7-12、表7-13）

表7-12　小组活动记录汇总表

记录人_____　　主持人_____　　日期_____

序　号	工作时段	工作内容	工作要求	完成质量	备　注

表7-13　综合评价表

学生姓名_____　　小组名称_____　　教师_____　　日期_____

项　目	自我评价	小组评价	教师评价
编程手册认知能力			
分析、总结能力			
交流、协作能力			
工作页质量			
工作态度			
劳动纪律			
总评			

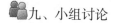九、小组讨论

小组讨论，对完成工作的情况进行说明和展示。

提示

小组记录需有记录人、主持人、日期、内容等要素。

学习活动7.3 采用不同的数控系统进行手工编程

学习内容

1. 根据对刀点、换刀点，确定编程原点及工件坐标系，按照刀具路径计算零件图中各基点坐标。

2. 按照编程格式确定加工程序文件名和程序开始名。

3. 按照不同数控系统的编程规则及零件的加工工步、刀具路径和工艺参数，模拟零件的加工。可利用模拟编程软件，用指令编写程序控制车床运动。

4. 组内讨论、分析，纠正、优化加工程序。

建议课时

8课时。

学习地点

一体化教室。

学习准备

1. 数控编程教材。

2. 不同数控系统编程手册。

3. 绘图、计算工具。

4. 工作页。

学习过程

一、计算基点坐标

根据对刀点、换刀点，确定编程原点及工件坐标系，按照刀具路径计算零件图中各基点坐标。

1. 标出各基点

在零件图上标出编程原点、坐标系和各基点名称。

2. 计算各基点坐标的公称值

计算零件图中各基点坐标的公称值并填写表7-14。

表7-14　基点坐标公称值

基点名称	P_0	P_1	P_2	P_3	P_4	P_5	P_6	P_7	P_8	P_9
X										
Z										

3. 计算各基点坐标的公差带中间值

叙述具有公差的编程尺寸计算方法，计算各基点坐标公差带中间值的坐标值并填写表7-15。

表7-15　基点公差带中间值坐标

基点名称	P_0	P_1	P_2	P_3	P_4	P_5	P_6	P_7	P_8	P_9
X										
Z										

二、选择编程指令

按照编程格式，选择正确、合适的编程指令，确定加工程序文件名和程序开始名。

1）叙述不同数控系统子程序的调用格式。

2）叙述不同数控系统子程序的格式。

3）说明不同数控系统子程序的编写要点。

4）说明影响轴套类零件数控车削加工精度的因素。

5）说明不同数控系统中常用循环指令 G71、G70、G73 等的格式、功能及使用注意事项。

6）按照编程格式确定加工主程序、子程序的程序文件名和程序开始名。

三、编写加工程序

按照不同数控系统的编程规则及零件的加工工步、刀具路径和工艺参数，模拟零件的加工。可利用模拟编程软件，用指令编写加工本零件的主程序、子程序。用指令代替手工操作，以控制车床运动，并填写表 7-16。

表 7-16　轴套数控车削手工编程程序清单

数控系统＿＿＿＿＿＿　编程者＿＿＿＿＿＿组别＿＿＿＿＿

程序段号	程序指令	说　明	备　注
	O ＿＿＿＿	程序开始名	
N0010			
N0020			
N0030			
N0040			
N0050			
N0060			
N0070			
N0080			
	M05 M09；	停止机床加工	
	M30；	结束程序返回加工程序起点	

使用仿真软件进行模拟加工。每个人对所编程序进仿真加工，对发现的错误及时纠正并在表 7-16 中用红笔修改。

思考问题 1：在仿真加工中存在哪些不足？导致的原因是什么？

思考问题 2：不仿真能编出合格有效的加工程序吗？为什么？

四、讨论、分析

组内讨论、分析，纠正、优化加工程序并填写表 7-17。

表 7-17 综合评价表

学生姓名＿＿＿＿＿＿＿ 小组名称＿＿＿＿＿＿＿ 教师 ＿＿＿＿＿＿＿ 日期

项 目	自我评价	小组评价	教师评价
编程手册认知能力			
分析、总结能力			
交流、协作能力			
工作页质量			
工作态度			
劳动纪律			
总评			

五、小组讨论

小组讨论，对完成工作的情况进行说明和展示。

提示

小组记录需有记录人、主持人、日期、内容等要素。

学习活动 7.4　加工程序检验

学习内容

1. 以情景模拟的形式扮演编程员，直接或授权车工从资料室及库房领取相关手册、毛坯料、刀具、检验卡，填写交接记录。

2. 以情景模拟的形式扮演编程员，分组进行程序的手工录入。程序录入后采用移动存储器输入或采用网络传输，之后进行模拟校验，如程序有错误，及时纠正。

3. 在教师的监督下指导车工试加工（学生用仿真软件进行模拟加工）。在加工过程中，严格按照数控车床操作规程操作车床。按工序切削工件，并根据切削状态及时停车调整切削用量，保证正常切削；适时检测，分析误差；设置刀具偏置参数，保证精度。记录各工步加工时间。

4. 在加工完成后，进行自检和组间互检，判断零件是否合格。讨论是否可对所编程序进行优化，以确保所编程序经济、有效、最佳。

建议课时

2 课时。

学习地点

仿真实验室、数控车间。

学习准备

1. 工作页。
2. 接入局域网的计算机、多媒体设备。
3. 仿真软件及使用说明。
4. 机械加工手册。
5. 数控编程教材。
6. 笔录工具和储存工具。

学习过程

一、领料

以情景模拟的形式扮演编程员，直接或授权车工从资料室及库房领取相关手册、毛坯料、刀具、检验卡，填写交接记录。

二、程序录入

以情景模拟的形式扮演编程员，分别用下列方法进行程序的录入。

1）在数控车床操作面板上用按键手工录入所编加工程序。

2）在计算机上录入后采用移动存储器输入数控车床。

3）在计算机上录入后采用网络传输方式将程序传输给数控车床。

三、模拟校验

在数控车床上对所录入程序进行模拟校验。

1）设置模拟校验的毛坯尺寸。

2）在自动模式下调整显示方式。

3）在模拟方式下按自动运行键进行校验。

4）对有错误的程序段及时纠正。

四、试加工

在教师的监督下指导车工试加工。在加工过程中，严格按照数控车床操作规程操作车床。按工序切削工件，并根据切削状态及时停车调整切削用量，保证正常切削；适时检测，分析误差；设置刀具偏置参数，保证精度。记录各工步加工时间，测算成本并填写表 7-18。对刀后填写表 7-19。

表 7-18　成本测算表

序　　号	加工工步	加工时间	成本测算 （设备、能源、辅料按 40 元/工时标准核算）
合计			

表 7-19　对　刀　表

刀　　具	刀具号	X 轴偏置值	Z 轴偏置值	刀尖圆弧半径和刀尖方位号

五、零件的检验（模拟企业检验人员对零件进行检验）

在加工完成后，进行自检和组间互检，判断零件是否合格。讨论是否可对所编程序进行优化，以确保所编程序经济、有效、最佳。初学者可使用仿真软件对零件进行模拟测量，以控制尺寸精度，并根据刀具路径估算加工时间。

1. 尺寸检验

检验所完成的零件是否符合尺寸要求，判断是否满足零件图中的要求并填写表 7-20。

表 7-20　检 验 报 告

序号	位置	公称尺寸	极限偏差	学生检验			教师检验			评分记录
				实际尺寸	符合要求		实际尺寸	符合要求		
					是	否		是	否	

2. 表面质量检验

根据零件的表面质量，填写表 7-21。

表 7-21　表面质量检验表

序　号	检验项目	仪器检验	目视检验
1	零件是否按图样加工		

3. 产品交付

根据零件的检验结果，填写表 7-22。

表 7-22　产品交付表

	学生	教师	评分记录
根据检验报告是否可以将该车削件交付客户	是____ 否____	是____ 否____	

4. 误差分析记录

分析不符合轴套加工要求的原因，提出预防措施和改进方法并填写表 7-23。

表 7-23　轴套加工问题分析

问　题	原　因	预防措施	改进方法

六、优化程序

对所设计的加工工艺和所编程序进行优化，修改工艺卡和加工程序，确保所编程序经济、有效、最佳。

七、填写工作进度表（表7-24）

表7-24　工作进度表

序　号	开始时间	结束时间	工作内容	工作要求	备　注

八、综合评价（表7-25）

表7-25　综合评价表

学生姓名_____　小组名称_____　教师_____　日期_____

项　目	自我评价	小组评价	教师评价
检验量具的使用			
尺寸检验			
表面质量检验			
误差分析			
工作态度			
劳动纪律			
工作效率			
总评			

九、小组讨论

小组讨论，对完成工作的情况进行说明和展示。

提示

小组记录需有记录人、主持人、日期、内容等要素。

学习活动7.5　工作成果的展示、总结和评价

学习内容

> 1. 在小组讨论中采用多种形式展示工作成果。
> 2. 正确规范地撰写总结。分析"轴套零件"加工中获得的经验和教训。描述通过"轴套零件"的仿真加工所学到的编程知识与技能。讨论分析"轴套零件"加工缺陷的形成原因和今后应采取的措施。
> 3. 准确、清晰地对教师的提问进行答辩。
> 4. 对自己学习任务的完成质量进行自评并能展开互评；有效地与他人合作，以获取解决问题的途径。

建议课时

4 课时。

学习地点

一体化教室。

学习准备

1. 工作页。
2. 课件、接入局域网的计算机、多媒体设备。
3. 书面总结。
4. 仿真加工模型或试件。
5. 展板。
6. 答辩计时器。

学习过程

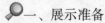一、展示准备

1. 写出工作总结

正确规范地撰写工作总结。

2. 写出成果展示方案

1）填写本零件数控车削程序清单（表7-26）。

表 7-26　轴套零件数控车削程序清单

数控系统＿＿＿＿＿＿＿＿　　　编程者＿＿＿＿＿＿＿＿　　　组别＿＿＿＿＿＿＿＿

程序段号	程序指令	说　明	程序段号	程序指令	说　明
N0010					

2）填写本零件数控车削工艺卡（表7-27）。

表 7-27 轴套零件数控车削工艺卡

（单位名称）	数控加工工艺卡片		产品型号		零件图号			共 页
			产品名称		零件名称			第 页
材料牌号	毛坯种类	毛坯外形尺寸		每毛坯件数		每台件数	备注	
工序	装夹	工步	工序内容	同时加工零件数	切削用量			轴套零件
					背吃刀量 /mm	切削速度 /(m/min)	主轴转速 /(r/min)	进给量 /(mm/r)
								工艺装备名称及编号
								夹具	刀具	量具
								技术等级
								工时
								单件	准终
					设计（日期）	校对（日期）	审核（日期）	标准化（日期）	会签（日期）
标记	处数	更改文件号	签字	日期	标记	处数	更改文件号	签字	日期

二、展示与评价

把个人制作好的制件先进行分组展示，再由小组推荐代表做必要的介绍。在展示的过程中，以组为单位进行评价；评价完成后，根据其他组成员对本组的评价意见进行归纳总结。完成如下项目：

1）展示的产品符合技术要求吗？

合格□　　　不良□　　　返修□　　　报废□

2）与其他组相比，你认为本小组的加工工艺：

工艺优化□　　　工艺合理□　　　工艺一般□

3）本小组介绍成果表达是否清晰？

很好□　　　一般，常补充□　　　不清晰□

4）本小组演示产品检验的操作正确吗？

正确□　　　部分正确□　　　不正确□

5）本小组演示操作时遵循了"7S"的工作要求吗？

符合工作要求□　　　忽略了部分要求□　　　完全没有遵循□

6）本小组的成员团队创新精神如何？

良好□　　　一般□　　　不足□

7）这次任务本小组是否达到学习目标？本小组的建议是什么？你给予本小组的评分是多少？

自评小结：_____

_____

_____

_____

_____

_____

_____

_____

三、教师评价

教师对展示的作品分别做评价。

1）对各组的优点进行点评。

2）对各组的缺点进行点评，并提出改进方法。

3）评价整个任务完成中出现的亮点和不足。

四、总体评价

进行总体评价并填写表7-28～表7-30。

_____

_____

_____

_____

_____

_____

_____

_____

_____

_____

_____

_____

_____

_____

任课教师：_____　　　　　　　_____年_____月_____日

表7-28　活动过程自评表

组别：_____　　姓名：_____　　学号：_____　　____年___月___日

评价项目及标准		配分	等级评定			
			A	B	C	D
操作技能	(1) 能根据加工任务，制定工作计划	10				
	(2) 能根据图样，识读零件加工信息	10				
	(3) 能预估加工工时并进行成本估算	10				
	(4) 能制定加工工艺，确定切削用量	10				
	(5) 能正确选择工、量、夹具，刀具和辅具	10				
	(6) 能手工编制程序，并进行仿真	10				
	(7) 能对程序输入、校验，指导试加工，通过检验分析样件优化	10				
	(8) 能互相沟通协作，总结展示成果	10				
学习过程	(1) 安全操作情况 (2) 平时实习的出勤情况 (3) 每天练习的完成质量 (4) 每天考核的完成质量	10				
情感态度	(1) 与教师的互动 (2) 工作态度 (3) 组员间的交流、合作	10				
合　计		100				
简要评述						

注：A—优（100%）；B—好（80%）；C——般（60%）；D—有待提高（40%）。

表 7-29　活动过程互评表

被评人姓名：_____　　组名：_____　___年___月___日　评价人：_____

评价项目及标准		配分	等级评定			
			A	B	C	D
操作技能	（1）能根据加工任务，制定工作计划	10				
	（2）能根据图样，识读零件加工信息	10				
	（3）能预估加工工时并进行成本估算	10				
	（4）能制定加工工艺，确定切削用量	10				
	（5）能正确选择工、量、夹具，刀具和辅具	10				
	（6）能手工编制程序，并进行仿真	10				
	（7）能对程序输入、校验，指导试加工，通过检验分析样件的加工质量	10				
	（8）能互相沟通协作，总结展示成果	10				
学习过程	（1）安全操作情况 （2）平时实习的出勤情况 （3）每天练习的完成质量 （4）每天考核的完成质量	10				
情感态度	（1）与教师的互动 （2）工作态度 （3）组员间的交流、合作	10				
合　计		100				
简要评述						

注：A—优（100%）；B—好（80%）；C—一般（60%）；D—有待提高（40%）。

表 7-30　任务过程教师评价表

组别		姓名		学号		日期	月　日		配分	得分
教师评价	劳保用品	严格按《实习守则》要求穿戴好劳保用品							3	
	平时表现评价	（1）实习期间出勤情况 （2）遵守实习纪律情况 （3）平时技能操作练习情况 （4）每天的实训任务完成质量 （5）实习岗位卫生情况							10	

（续）

组别			姓名	学号	日期	月　日	配分	得分
教师评价	综合专业技能水平	基本知识	（1）能识读图样和工艺卡，查阅相关资料并计算 （2）熟悉机械工艺基础知识，掌握零件加工工艺流程 （3）熟悉数控车床的手工编程，基点计算 （4）掌握量具的结构、刻线原理及读数方法，并了解量具的维护保养				8	
		操作技能	（1）识读图样 （2）熟悉加工工艺流程选择、工艺路线优化 （3）动手能力强，熟练掌握专业各项操作技能 （4）善于分析、提高自己的综合实践能力				30	
		工具使用	（1）工、量、刀具使用正确并懂得维护保养 （2）熟练操作实习设备和正确使用工、量、刀具				5	
	态度评价		（1）与教师的互动，团队合作 （2）组员间的交流、合作 （3）实践动手操作的兴趣、态度、主动积极性				10	
	设备使用		（1）严格按工、量具的型号、规格摆放整齐，保管好实习工、量具 （2）严格遵守机床操作规程和安全操作规章制度，维护保养好实习设备				5	
	资源使用		节约实习消耗用品、合理使用材料				3	
	安全文明实习		（1）遵守实习场所纪律，听从实习指导教师指挥 （2）掌握安全操作规程和消防安全知识 （3）严格遵守安全操作规程、实训中心的各项规章制度和实习纪律 （4）按国家有关法规，发生重大事故者，取消实习资格，并且实习成绩为零分				10	
自评	综合评价		（1）组织纪律性，遵守实习场所纪律及有关规定情况 （2）劳动习惯及实习工位环境情况 （3）实习中个人的发展和进步情况 （4）专业知识与专业操作技能的掌握情况				8	
互评	综合评价		（1）组织纪律性，遵守实习场所纪律及有关规定情况 （2）劳动习惯及实习工位环境情况 （3）实习中个人的发展和进步情况 （4）专业知识与专业操作技能的掌握情况				8	
合　　计							100	
建议								

学习任务 8　手电筒外壳数控车削手工编程

任务描述

　　某单位获得一批手电筒外壳的加工任务，共 30 件，工期为 3 天。生产管理部门同技术人员与客户协商制定了合同中技术要求的附加条款。生产管理部门向车间下达加工该零件的任务单，工期为 3 天，任务完成后提交成品件及检验报告。车间管理部门将接收的该零件的任务单下达技术科，要求编程员制定加工工艺并提供手工编制的数控车削加工程序，经试加工后，将程序和样品提交车间，供数控车床操作工加工使用。

学习目标

　　1. 能根据加工任务，讨论并制订合理的工作计划，组织有关人员协同作业。

　　2. 能独立识读任务单、装配图、零件图和工艺卡，查阅包括子程序、孔的数控车削加工工艺等相关资料。明确加工技术要求，并划分加工工步，确定切削用量。

　　3. 能根据现场加工条件，查阅相关资料，确定符合加工技术要求的毛坯、工具、量具、夹具、刀具、辅具及切削液。

　　4. 能参考编程手册，根据工艺文件、图样等技术文件，选择合理的数控加工工艺和刀具路径；能估算工时，计算切削时间。

　　5. 能熟练计算图样中的基点坐标，选用适当、有效的包括宏程序在内的加工编程指令，完成零件的数控车削加工程序的编制。

　　6. 能将所编程序输入数控车床并进行模拟校验，对错误程序段及时修改，以验证程序的正确性、完整性。

　　7. 能指导车工，在加工过程中严格按照数控车床操作规程操作。按工步切削工件；根据切削状态调整切削用量，保证正常切削；适时检测，保证精度。

　　8. 能在加工完成后对样品件进行自检，判断零件是否合格，并考虑是否可对所编程序进行优化，以确保所编程序经济、有效、最佳。

　　9. 能主动获取有效信息，展示工作成果，对学习与工作进行总结反思；能与他人合作，有效沟通。

建议课时

　　18 课时。

任务流程与活动

　　↓学习活动 8.1：信息查找与处理（2 课时）。
　　↓学习活动 8.2：工艺分析（2 课时）。
　　↓学习活动 8.3：采用不同的数控系统进行手工编程（8 课时）。

╅学习活动8.4：加工程序检验（2课时）。

╅学习任务8.5：工作成果的展示、总结和评价（4课时）。

学习活动 8.1　信息查找与处理

学习内容

1. 向下达任务的部门咨询此零件的用途、批量、关键技术要求，了解毛坯的特点及其对加工的限制等加工信息。

2. 向此零件加工所涉及的车间咨询有关设备的加工能力、特点等信息。

3. 在资料室或图书馆查询相似零件的加工工艺和加工程序，供编程参考。

4. 讨论、总结编程步骤，制订本学习任务的工作计划。

建议课时

2 课时。

学习地点

一体化教室。

学习准备

1. 工作页。

2. 各种数控系统编程手册。

3. 接入局域网的计算机、多媒体设备。

4. 仿真软件。

5. 编程教学动画。

6. 机械加工手册。

7. 数控编程教材。

8. 绘图、计算工具。

学习过程

🔍一、小组分工

根据抽签分组，选举或指定组长，根据小组成员的特点进行分工并填写表8-1。参考编程操作步骤制订本学习任务的工作计划并填写表8-2。

表 8-1　小组成员分工表

成员姓名	职　　务	成员特点	小组中的分工任务	备　　注

（续）

成员姓名	职　务	成员特点	小组中的分工任务	备　注
…				

表8-2　工作计划表

序　号	开始时间	结束时间	工作内容	工作要求	执行人

二、咨询加工信息

1）向下达任务的部门咨询此零件的用途、批量、关键技术要求，了解毛坯的特点及其对加工的限制等加工信息。

2）向手电筒外壳零件加工所涉及的车间咨询，核实有关设备的加工能力、特点等信息。

3）在资料室或图书馆查询相似零件的加工工艺和加工程序，供编程参考。

4）举例说明生产和生活中的仿形件及其特点。

5）仿形件一般采用仿形加工，说明其粗、精加工时刀具路径的区别。

6）叙述仿形刀具的特点。

7）叙述组合件的加工特点。

三、确定手工编程步骤

采用网上查阅、阅读参考书、查阅数控车削编程手册、观看编程指令的教学动画等手段，研究手工编程有关知识和步骤，填写表8-3。

表8-3 手工编程步骤

序　号	内　容	注意事项

四、总结仿真软件的编程步骤

总结仿真软件编程步骤并填写表8-4。

表8-4　仿真软件编程步骤

序　　号	内　　容	注意事项

五、分析加工重、难点

查阅机械加工手册，解读零件图要求，分析加工重点和难点并填写表8-5。

表8-5　零件图分析表

序　　号	重　　点	难　　点

六、讨论、总结、考评（表8-6）

表8-6　综合评价表

学生姓名＿＿＿＿＿＿＿＿＿　小组名称＿＿＿＿＿＿＿＿　教师＿＿＿＿＿＿＿　日期＿＿＿＿＿＿＿

项　　目	自我评价	小组评价	教师评价
信息收集能力			
交流、协作能力			
编程手册认知能力			
分析、总结能力			
工作页质量			
工作态度			
劳动纪律			
总评			

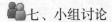七、小组讨论

　　小组讨论，对完成工作的情况进行说明和展示。

学习活动 8.2　工 艺 分 析

学习内容

　　1. 根据学习活动 8.1 所掌握的技能，阅读生产任务单，识读零件图，进行成本分析，确定毛坯的材料、尺寸和类型。
　　2. 通过讨论、分析，确定本零件的加工工序、加工基准、加工部位和刀具路径，估算工时，填写工艺卡。
　　3. 通过讨论、分析，选择工件的装夹方法和夹具。
　　4. 通过讨论、分析，确定本零件数控加工的对刀点和换刀点。
　　5. 通过讨论、分析，确定本零件数控车削所用的刀具、工具、量具和辅具。

建议课时

　　2 课时。

学习地点

　　一体化教室。

学习准备

　　1. 机械加工手册。
　　2. 数控编程教材。
　　3. 金属加工工艺教材。
　　4. 绘图、计算工具。
　　5. 工作页、生产任务单、图样。

学习过程

一、分析加工工艺

　　根据学习活动 8.1 所掌握的技能，对生产任务单（表 8-7）、零件图进行识读、讨论和分析，明确该零件的用途、分类及加工要求，根据成本确定毛坯的材料、尺寸和类型。手电筒外壳套件图如图 8-1 所示；该零件的实物照片如图 8-2 所示。

表8-7　生产任务单

单位(需方)名称		×××企业		完成日期	×年×月×日
序　号	产品名称	材　料	数　量	技术标准、质量要求	
1	手电筒外壳	45	30件	按图样要求	
生产批准时间		年　月　日	批准人		
通知任务时间		年　月　日	发单人		
接单时间		年　月　日	接单人	生产班组	车工组

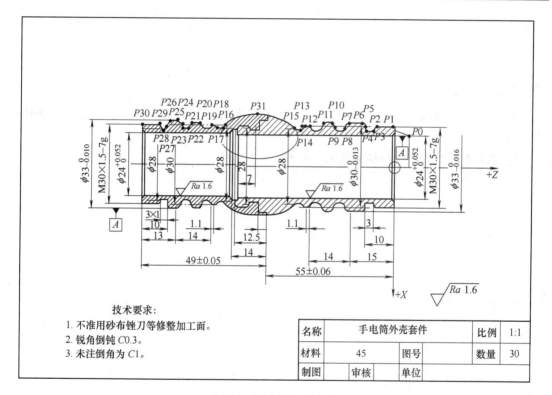

技术要求:
1. 不准用砂布锉刀等修整加工面。
2. 锐角倒钝 $C0.3$。
3. 未注倒角为 $C1$。

名称	手电筒外壳套件		比例	1:1
材料	45	图号	数量	30
制图	审核	单位		

图8-1　手电筒外壳套件

  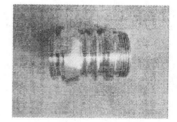

图8-2　手电筒外壳实物图

1）在生产和生活中什么场合能见到仿形件？它们有哪些用途和类别？

2）加工本零件所需的毛坯有什么特点？画出毛坯图。

二、确定加工工艺

　　讨论、分析，确定本零件的加工工艺（加工工序、加工基准、加工部位和刀具路径），估算加工时间。

　　1）叙述数控加工工艺分析的依据和步骤。

　　2）说明本零件的加工工序。

　　3）在图样上标示加工基准、加工部位和刀具路径，估计各工步的加工时间。

三、确定装夹方法及夹具

讨论、分析，确定本工件的装夹方法和夹具。

四、确定加工中的各基点

讨论、分析，确定本零件数控加工的对刀点和换刀点等基点，并在零件图上标出。

五、确定所用刀具、量具

讨论、分析，确定加工本零件所需刀具、量具，并填写表 8-8 和表 8-9。

表 8-8　刀具清单

刀　号	刀具种类	刀具规格	数　量	刀尖圆弧半径	刀尖方位号	对应加工部位

表 8-9　工具、量具、辅具清单

名　称	数　量	用　途	备　注

（续）

名　称	数　量	用　途	备　注

六、填写加工参数表

根据教材和机械加工手册，讨论、分析，确定工艺参数并填写表 8-10。

表 8-10　手电筒外壳数控车削工艺参数

序　号	加工内容	刀具号	背吃刀量 /mm	进给量 /（mm/r）	主轴转速 /（r/min）	备　注
…						

七、填写工艺卡

填写本零件数控车削工艺卡（表 8-11）。

表 8-11　手电筒外壳数控车削工艺卡

（单位名称）	数控车削工艺卡		产品名称			图号			
			零件名称	手电筒外壳	数量	30		共1页	
材料种类	优质碳素结构钢	牌号		毛坯尺寸				第1页	

工序号	装夹	工步	工序内容	切削用量			车间	设备	夹具	量具	刃具	计划工时	实际工时
				背吃刀量 /mm	主轴转速 /(r/min)	进给量 /(mm/r)							

	检验				检验室				
更改号					拟定	校正	审核	批准	
更改者									
日期									

八、汇总与评价（表8-12、表8-13）

表 8-12　小组活动记录汇总表

记录人＿＿＿＿＿＿　　主持人＿＿＿＿＿＿　　日期＿＿＿＿＿＿

序　　号	工作时段	工作内容	工作要求	完成质量	备　　注

表 8-13　综合评价表

学生姓名＿＿＿＿＿＿　　小组名称＿＿＿＿＿＿　　教师＿＿＿＿＿＿　　日期＿＿＿＿＿＿

项　　目	自我评价	小组评价	教师评价
编程手册认知能力			
分析、总结能力			

（续）

项　　目	自我评价	小组评价	教师评价
交流、协作能力			
工作页质量			
工作态度			
劳动纪律			
总评			

九、小组讨论

小组讨论，对完成工作的情况进行说明和展示。

提示

小组记录需有记录人、主持人、日期、内容等要素。

学习活动 8.3　采用不同的数控系统进行手工编程

学习内容

1. 根据对刀点、换刀点，确定编程原点及工件坐标系，按照刀具路径计算零件图中各基点坐标。

2. 按照编程格式确定加工程序文件名和程序开始名。

3. 按照不同数控系统的编程规则和操作特点，根据零件的加工工步、刀具路径和工艺参数等，使用宏程序编写仿形件的加工程序。

4. 组内讨论、分析，纠正、优化加工程序。

建议课时

8 课时。

一体化教室。

1. 数控编程教材。
2. 不同数控系统编程手册。
3. 绘图、计算工具。
4. 工作页。

一、计算基点坐标

根据对刀点、换刀点，确定编程原点及工件坐标系，按照刀具路径，计算零件图中各基点坐标。

1. 标出各基点

在零件图上标出编程原点、坐标系和各基点名称。

2. 计算各基点坐标的公称值

计算零件图中各基点坐标的公称值并填写表 8-14。

表 8-14　基点坐标公称值

基点名称	P_0	P_1	P_2	P_3	P_4	P_5	P_6	P_7	P_8	P_9	P_{10}	P_{11}	P_{12}	P_{13}	P_{14}	P_{15}
X																
Z																

基点名称	P_{16}	P_{17}	P_{18}	P_{19}	P_{20}	P_{21}	P_{22}	P_{23}	P_{24}	P_{25}	P_{26}	P_{27}	P_{28}	P_{29}	P_{30}	P_{31}
X																
Z																

3. 计算各基点坐标的公差带中间值

叙述具有公差的编程尺寸计算方法，计算各基点坐标公差带中间值的坐标值，并填写表 8-15。

表 8-15　基点公差带中间值坐标

基点名称	P_0	P_1	P_2	P_3	P_4	P_5	P_6	P_7	P_8	P_9	P_{10}	P_{11}	P_{12}	P_{13}	P_{14}	P_{15}
X																
Z																

基点名称	P_{16}	P_{17}	P_{18}	P_{19}	P_{20}	P_{21}	P_{22}	P_{23}	P_{24}	P_{25}	P_{26}	P_{27}	P_{28}	P_{29}	P_{30}	P_{31}
X																
Z																

二、选择编程指令

按照编程格式，选择正确合适的编程指令，确定加工程序文件名和程序开始名。

1）解释宏程序、宏语句的概念

2）比较宏语句与普通数控语句的区别。

3）说明宏变量的概念和表示形式，解释何为小数点的省略和未赋值的变量。

4）说明宏程序中变量的运算：算术和逻辑运算、运算优先级、方括号的嵌套、比较运算符。

5）列出宏程序中的功能语句。

6）写出宏程序中车削加工所用曲线方程。

7）说明宏程序的调用方法和子程序的调用方法，以及它们的区别。

8）说明不同数控系统中常用循环指令 G71、G70、G73 等的格式、功能及使用注意事项。

9）按照编程格式，确定加工程序文件名和程序开始名。

三、编写加工程序

按照不同数控系统的编程规则及零件的加工工步、刀具路径和工艺参数，模拟零件的加工。可利用模拟编程软件，用指令编写加工本零件的程序，以控制车床运动，并填写表 8-16。

表 8-16　手电筒外壳数控车削手工编程程序清单

数控系统_____　编程者_____组别_____

程序段号	程序指令	说　　明	备　　注
	O ＿ ＿ ＿	程序开始名	
N0010			
N0020			
N0030			
N0040			
N0050			
N0060			
N0070			
N0080			

（续）

程序段号	程序指令	说　明	备　注
	M05 M09；	停止机床加工	
	M30；	结束程序返回加工程序起点	

四、讨论、分析

　　组内讨论、分析，纠正、优化加工程序并填写表8-17。

表8-17　综合评价表

学生姓名＿＿＿＿＿＿＿＿　　小组名称＿＿＿＿＿＿＿＿　　教师＿＿＿＿＿＿＿＿　　日期＿＿＿＿＿＿＿＿

项　目	自我评价	小组评价	教师评价
编程手册认知能力			
分析、总结能力			
交流、协作能力			
工作页质量			
工作态度			
劳动纪律			
总评			

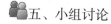五、小组讨论

小组讨论，对完成工作的情况进行说明和展示。

提示

小组记录需有记录人、主持人、日期、内容等要素。

学习活动8.4　加工程序检验

学习内容

　　1. 以情景模拟的形式扮演编程员，直接或授权车工从资料室及库房领取相关手册、毛坯料、刀具、检验卡，填写交接记录。

　　2. 以情景模拟的形式扮演编程员，分组进行程序的手工录入。程序录入后采用移动存储器输入或采用网络传输，之后进行模拟校验，如程序有错误，及时纠正。

　　3. 在教师的监督下指导车工试加工。在加工过程中，严格按照数控车床操作规程操作车床。按工序切削工件，并根据切削状态及时停车调整切削用量，保证正常切削；适时检测、分析误差；设置刀具偏置参数，保证精度。记录各工步加工时间。

　　4. 在加工完成后，进行自检和组间互检，判断零件是否合格。讨论是否可对所编程序进行优化，以确保所编程序经济、有效、最佳。

建议课时

2课时。

学习地点

仿真实验室，数控车间。

学习准备

1. 工作页
2. 接入局域网的计算机、多媒体设备。

3. 仿真软件及使用说明。

4. 机械加工手册。

5. 数控编程教材。

6. 笔录工具和储存工具。

学习过程

一、领料

以情景模拟的形式扮演编程员，直接或授权车工从资料室及库房领取相关手册、毛坯料、刀具、检验卡，填写交接记录。

二、程序录入

以情景模拟的形式扮演编程员，分别用下列方法进行程序的录入。

1）在数控车床操作面板上用按键手工录入所编加工程序。

2）在计算机上录入后采用移动存储器输入数控车床。

3）在计算机上录入后采用网络传输方式将程序传输给数控车床。

三、模拟校验

在数控车床上对输入的程序进行模拟校验。

1）设置模拟校验的毛坯尺寸。

2）在自动模式下调整显示方式。

3）在模拟方式下按自动运行键进行校验。

4）对有错误的程序段及时纠正。

四、试加工

在教师的监督下指导车工试加工。在加工过程中，严格按照数控车床操作规程操作车床。按工序切削工件，并根据切削状态及时停车调整切削用量，保证正常切削；适时检测，分析误差；设置刀具偏置参数，保证精度。记录各工步加工时间，测算成本并填写表 8-18。对刀后填写表 8-19。

表 8-18　成本测算表

序　　号	加工工步	加工时间	成本测算 （设备、能源、辅料按 40 元/工时标准核算）
合计			

表8-19　对　刀　表

刀　具	刀具号	X轴偏置值	Z轴偏置值	刀尖圆弧半径和刀尖方位号

五、零件的检验（模拟企业检验人员对零件进行检验）

在加工完成后，进行自检和组间互检，判断零件是否合格。讨论是否可对所编程序进行优化，以确保所编程序经济、有效、最佳。初学者可使用仿真软件对零件进行模拟测量，以控制尺寸精度，并根据刀具路径估算加工时间。

1. 尺寸检验

检验所完成的零件是否符合尺寸要求，判断是否满足了零件图中的要求，并填写表8-20。

表8-20　尺寸检验表

序号	位置	公称尺寸	极限偏差	学生检验			教师检验			评分记录
				实际尺寸	符合要求		实际尺寸	符合要求		
					是	否		是	否	

2. 表面质量检验

根据零件的表面质量填写表8-21。

表8-21　表面质量检验表

序　号	检验项目	仪器检验	目视检验
1	零件是否按图样加工		
2	平面的表面状态		
3	去毛刺		

3. 产品交付

根据检验结果，填写表8-22。

表8-22　产品交付表

根据检验表是否可以将该车削件交付客户	学生	教师	评分记录
	是____	是____	
	否____	否____	

4. 误差分析

分析产生误差的原因并提出解决办法。

六、优化程序

对所设计的加工工艺和所编程序进行优化，修改工艺卡和加工程序，确保所编程序经济、有效、最佳。

七、填写工作进度表（表 8-23）

表 8-23　工作进度表

序　　号	开始时间	结束时间	工作内容	工作要求	备　　注

八、综合评价（表 8-24）

表 8-24　综合评价表

学生姓名＿＿＿＿＿＿＿＿　　小组名称＿＿＿＿＿＿＿＿　　教师＿＿＿＿＿＿＿＿　　日期＿＿＿＿＿＿＿＿

项　　目	自我评价	小组评价	教师评价
检验量具的使用			
尺寸检验			
表面质量检验			
误差分析			
工作态度			
劳动纪律			
工作效率			
总评			

九、小组讨论

小组讨论，对完成工作的情况进行说明和展示。

提示

小组记录需有记录人、主持人、日期、内容等要素。

学习活动 8.5　工作成果的展示、总结和评价

学习内容

1. 在小组讨论中采用多种形式展示工作成果。
2. 正确规范地撰写总结。分析"手电筒外壳"加工中获得的经验和教训。描述通过"手电筒外壳"的仿真加工所学到的编程知识与技能。讨论分析"手电筒外壳"加工缺陷的形成原因和今后应采取的措施。
3. 准确、清晰地对教师的提问进行答辩。
4. 对自己学习任务的完成质量进行自评并能展开互评；有效地与他人合作，以获取解决问题的途径。

建议课时

4 课时。

学习地点

一体化教室。

学习准备

1. 工作页。
2. 课件。
3. 接入局域网的计算机、多媒体设备。
4. 书面总结。
5. 仿真加工模型或试件。
6. 展板。
7. 答辩计时器。

学习过程

一、展示准备

1. 写出工作总结

正确规范地撰写工作总结。

2. 写出成果展示方案

1）填写本零件的数控车削程序清单（表 8-25）。

表 8-25　手电筒外壳数控车削程序清单

数控系统＿＿＿＿＿＿＿＿＿　编程者＿＿＿＿＿＿＿＿＿＿　组别＿＿＿＿＿＿＿

程序段号	程序指令	说　明	程序段号	程序指令	说　明
N0010					

2）填写本零件的数控车削工艺卡（表 8-26）。

表8-26 手电筒外壳数控车削工艺卡

（单位名称）	数控加工工艺卡片	产品型号		零件图号		共 页
		产品名称		零件名称	手电筒外壳	第 页
材料牌号	毛坯种类	毛坯外形尺寸	每毛坯件数	每台件数	备注	
工序	工步	装夹	工序内容	同时加工零件数	切削用量	
					背吃刀量 /mm	切削速度 /(m/min)
						主轴转速 /(r/min)
						进给量 /(mm/r)
					工艺装备 名称及编号	夹具
						刀具
						量具
					技术等级	工时 单件 / 准终
				设计（日期）	校对（日期）	审核（日期）	标准化（日期）	会签（日期）
标记	处数	更改文件号	签字	日期	标记	处数	更改文件号	签字	日期

二、展示与评价

把个人制作好的制件先进行分组展示，再由小组推荐代表做必要的介绍。在展示的过程中，以组为单位进行评价；评价完成后，根据其他组成员对本组的评价意见进行归纳总结。完成如下项目：

1) 展示的产品符合技术要求吗？

合格□　　　　不良□　　　　返修□　　　　报废□

2) 与其他组相比，你认为本小组的加工工艺：

工艺优化□　　　　工艺合理□　　　　工艺一般□

3) 本小组介绍成果表达是否清晰？

很好□　　　　一般，常补充□　　　　不清晰□

4) 本小组演示产品检验的操作正确吗？

正确□　　　　部分正确□　　　　不正确□

5) 本小组演示操作时遵循了"7S"的工作要求吗？

符合工作要求□　　　　忽略了部分要求□　　　　完全没有遵循□

6) 本小组的成员团队创新精神如何？

良好□　　　　一般□　　　　不足□

7) 这次任务本小组是否达到学习目标？本小组的建议是什么？你给予本小组的评分是多少？

自评小结：_____

_____

_____

_____

_____

_____

三、教师评价

教师对展示的作品分别做评价。

1) 对各组的优点进行点评。

2) 对各组的缺点进行点评，并提出改进方法。

3) 评价整个任务完成中出现的亮点和不足。

四、总体评价

进行总体评价并填写表 8-27 ~ 表 8-29。

_____

_____

_____

_____

任课教师：_____　　_____年_____月_____日

表 8-27　活动过程自评表

组别：_____　姓名：_____　学号：_____　___年___月___日

评价项目及标准		配分	等级评定			
			A	B	C	D
操作技能	（1）能根据加工任务，制定工作计划	10				
	（2）能根据图样，识读零件加工信息	10				
	（3）能预估加工工时并进行成本估算	10				
	（4）能制定加工工艺，确定切削用量	10				
	（5）能正确选择工、量、夹具，刀具和辅具	10				
	（6）能手工编制程序，并进行仿真	10				
	（7）能对程序输入、校验，指导试加工，通过检验分析样件优化	10				
	（8）能互相沟通协作，总结展示成果	10				
学习过程	（1）安全操作情况 （2）平时实习的出勤情况 （3）每天练习的完成质量 （4）每天考核的完成质量	10				
情感态度	（1）与教师的互动 （2）工作态度 （3）组员间的交流、合作	10				
合　计		100				
简要评述						

注：A—优（100%）；B—好（80%）；C——一般（60%）；D—有待提高（40%）。

表 8-28　活动过程互评表

被评人姓名：＿＿＿＿＿＿＿　　组名：＿＿＿＿＿＿　　＿＿＿年＿＿＿月＿＿＿日　评价人：＿＿＿＿＿＿＿

评价项目及标准		配分	等级评定			
			A	B	C	D
操作技能	（1）根据加工任务，制定工作计划	10				
	（2）能根据图样，识读零件加工信息	10				
	（3）能预估加工工时并进行成本估算	10				
	（4）能制定加工工艺，确定切削用量	10				
	（5）能正确选择工、量、夹具，刀具和辅具	10				
	（6）能手工编制程序，并进行仿真	10				
	（7）能对程序输入、校验，指导试加工，通过检验分析样件优化	10				
	（8）能互相沟通协作，总结展示成果	10				
学习过程	（1）安全操作情况 （2）平时实习的出勤情况 （3）每天练习的完成质量 （4）每天考核的完成质量	10				
情感态度	（1）与教师的互动 （2）工作态度 （3）组员间的交流、合作	10				
合　计		100				
简要评述						

注：A—优（100%）；B—好（80%）；C—一般（60%）；D—有待提高（40%）。

表 8-29　任务过程教师评价表

组别			姓名		学号		日期	月　日		配分	得分
教师评价	劳保用品	严格按《实习守则》要求穿戴好劳保用品								3	
	平时表现评价	（1）实习期间出勤情况 （2）遵守实习纪律情况 （3）平时技能操作练习情况 （4）每天实训任务的完成质量 （5）实习岗位卫生情况								10	

（续）

组别				姓名		学号		日期	月　日	配分	得分
教师评价	综合专业技能水平	基本知识	（1）能识读图样和工艺卡，查阅相关资料并计算 （2）熟悉机械工艺基础知识，掌握零件加工工艺流程 （3）熟悉数控车床的手工编程、基点计算 （4）掌握量具的结构、刻线原理及读数方法，并了解量具的维护保养							8	
		操作技能	（1）识读图样 （2）熟悉加工工艺流程选择、工艺路线优化 （3）动手能力强，熟练掌握专业各项操作技能 （4）善于分析、提高自己综合实践能力							30	
		工具使用	（1）工、量、刀具使用正确并懂得维护保养 （2）熟练操作实习设备和正确使用工、量、刀具							5	
	态度评价		（1）与教师的互动，团队合作 （2）组员间的交流、合作 （3）实践动手操作的兴趣、态度、主动积极性							10	
	设备使用		（1）严格按工、量具的型号、规格摆放整齐，保管好实习工、量具 （2）严格遵守机床操作规程和安全操作规章制度，维护保养好实习设备							5	
	资源使用		节约实习消耗用品、合理使用材料							3	
	安全文明实习		（1）遵守实习场所纪律，听从实习指导教师指挥 （2）掌握安全操作规程和消防安全知识 （3）严格遵守安全操作规程、实训中心的各项规章制度和实习纪律 （4）按国家有关法规，发生重大事故者，取消实习资格，并且实习成绩为零分							10	
自评	综合评价		（1）组织纪律性，遵守实习场所纪律及有关规定情况 （2）劳动习惯及实习工位环境情况 （3）实习中个人的发展和进步情况 （4）专业知识与专业操作技能的掌握情况							8	
互评	综合评价		（1）组织纪律性，遵守实习场所纪律及有关规定情况 （2）劳动习惯及实习工位环境情况 （3）实习中个人的发展和进步情况 （4）专业知识与专业操作技能的掌握情况							8	
合　　计										100	
建议											

参 考 文 献

[1] 赵志群. 职业教育工学结合一体化课程开发指南 [M]. 北京：清华大学出版社，2009.

[2] 劳耐尔，赵志群，吉利. 职业能力与职业能力测评 [M]. 北京：清华大学出版社，2010.

[3] 戴士弘. 职业教育课程教学改革 [M]. 北京：清华大学出版社，2007.

[4] 杨耀双，宋小春. 数控加工工艺与编程操作 [M]. 北京：机械工业出版社，2012.

[5] 周迅阳. 数控车床编程与操作 [M]. 北京：机械工业出版社，2011.

[6] 徐凯，盛艳君. 数控车床加工工艺编程与操作 [M]. 北京：中国劳动社会保障出版社，2013.

[7] 人力资源和社会保障部教材办公室. 数控机床编程与操作 [M]. 北京：中国劳动社会保障出版社，2012.

[8] 刘小禄. 数控车削操作与编程 [M]. 北京：科学出版社，2008.

[9] 关雄飞，王荪馨. 数控加工编程技术 [M]. 北京：机械工业出版社，2012.

[10] 人力资源和社会保障部教材办公室. 数控车床编程与模拟加工 [M]. 北京：中国劳动社会保障出版社，2013.